D0092989

# ¡HAZLO CON TU SMARTPHONE!

Redbook
ediciones

Gabriel Jaraba

# ¡HAZLO CON TU SMARTPHONE!

© 2016, Gabriel Jaraba Molina

© 2016, Redbook Ediciones, s. l., Barcelona

Diseño de cubierta: Regina Richling

Diseño de interior: Amanda Martínez

ISBN: 978-84-945961-0-0
Depósito legal: B-19.311-2016

Impreso por Sagrafic, Plaza Urquinaona, 14 7º 3ª, 08010 Barcelona

Impreso en España - *Printed in Spain*

A Kim, mi nieto.

# ÍNDICE

# INTRODUCCIÓN. SUPERPODERES EN EL BOLSILLO

## La tecnología potencia una nueva manera de vivir: la vida móvil

**El smartphone ha cambiado nuestras costumbres mediante una tecnología orientada a algo muy humano: las relaciones personales y grupales.**

Cuando echamos mano al bolsillo o al bolso de mano y tocamos la carcasa de nuestro *smartphone* (teléfono inteligente, también llamado teléfono móvil, celular o incluso móvil, a secas) ese gesto va mucho más allá de disponernos a hacer o recibir una llamada telefónica. Lo que llevamos encima no es un simple —¡y maravilloso!— emisor y receptor de conversaciones telefónicas sino un sistema de control, una central de datos y un medio de comunicación en toda la regla que nos permite acceder en cualquier momento a toda la información del mundo.

Es mucho más de lo que la ciencia ficción soñó jamás: un teléfono que permite ver además de oír a nuestro interlocutor aparece incluso antes de los cómics de Flash Gordon que empezaron a publicarse en 1938: ya en el siglo XIX, en 1889, Jules Verne —autor de *De la Tierra a la Luna* y *20.000 leguas de viaje submarino*— imagina el *fonotelefoto,* un

dispositivo que anticipaba ficticiamente lo que luego sería la videocon-
ferencia. No dio, sin embargo, con la clave de la cuestión: que lo relevante no era ver a la persona con quien se conversaba sino poder hacerlo desde cualquier lugar, en cualquier momento, con un dispositivo
miniaturizado que se puede llevar encima. Antes, en 1863, el genial
creador francés intuyó lo que un siglo más tarde sería Internet, en su
novela *París en el siglo XX*. Será en los años sesenta y setenta cuando en
la serie *Star Trek* aparezca un videoteléfono miniaturizado, no menos

sensacional incluso en
los ochenta, en que los
primeros teléfonos por-
tátiles se instalaban en
los automóviles de alta
gama, conectados a su
batería, porque pesa-
ban no menos de cinco
kilos. Lujo inalcanzable
primero y herramienta
para élites económicas
y políticas cuando redujo tamaño y peso y Motorola lanzó las primeras
versiones de teléfono móvil, el *smartphone* ha seguido un camino semejante al de todos los dispositivos comunicacionales que se han venido
inventando en los dos últimos siglos y, al igual que ellos, ha superado
con creces las prestaciones para las que fue concebido el dispositivo
original. De hecho, lo que menos llama la atención de un teléfono móvil
es que sirva para hablar por teléfono.

## Por qué el teléfono móvil ha cambiado nuestras vidas

¿Por qué el *smartphone* ha cambiado nuestras vidas? Porque ha puesto
la tecnología más avanzada al servicio de algo que va más allá de lo útil
y lo práctico: la tecnología de la comunicación móvil toca algo muy
profundo y muy humano, una fibra muy íntima de nuestra personalidad. Se trata de algo que es nada menos que lo que nos hace ser personas: la palabra, la comunicación, las relaciones. Ser humanos es estar en

contacto unos con otros, comunicarnos e intercambiar vivencias y emociones, ser aceptados por nuestros iguales y hallar reconocimiento, amistad y consuelo en la compañía mutua. El *smartphone* pone en contacto ahora y aquí, a la vez, lo más ancestral y lo más avanzado de la condición humana: la conexión próxima de unas personas y otras; el contacto mutuo entre humanos por encima de cualquier barrera que pueda limitarlo.

Critíquese todo lo que se quiera el uso constante del teléfono móvil; nadie negará que este dispositivo ha venido a conjurar uno de los males seculares que han sufrido los seres humanos en todos los tiempos: la pena y el desamparo de sentirse solo. Del mismo modo que un buen día la luz eléctrica acabó con la oscuridad de las largas e interminables noches de la antigüedad, ahora el *smartphone* nos permite terminar con el aislamiento y proporcionarnos un verdadero cordón umbilical con el que vincularnos con nuestros semejantes. Quienes miran mal el teléfono portátil de bolsillo deberían hablar con los migrantes, que encuentran en él el vínculo que les une a sus países y familias; con los jóvenes, que tienen en él la ligazón con sus iguales coetáneos que les permite —si hacen buen uso de ella— potenciar su crecimiento personal en el seno del grupo; con los ancianos, que tienen en esa tecnología un vínculo que combate el abandono, la soledad y el desvalimiento.

La difusión mundial generalizada del *smartphone* y de los dispositivos móviles como las tabletas señala el inicio de un nuevo camino que no tiene vuelta atrás. El destino de toda tecnología es miniaturizarse y hacerse ligera (del carruaje de caballos al coche utilitario; del automóvil de gran potencia a la motocicleta scooter) pero el verdadero éxito de todo invento tecnológico que aspira a cambiar la vida de las personas es convertirse en móvil: el éxito popular de la radio sucedió con la popularización del receptor a transistores, que proporciona compañía al pastor en la montaña, al vigilante nocturno en la obra y ayuda al fan del fútbol a seguir la narración del partido desde la grada. Una tecnología llega a ser revolucionaria cuando permite que sea incorporada e utilizada por una persona en cualquier circunstancia, cuando le ofrece servicio en cualquier lugar, cuando le proporciona autonomía personal. Es decir, cuando entra a formar parte de una nueva tendencia de nuestro tiempo: la vida móvil.

# El inicio de una nueva era: la vida móvil

El *smartphone* y las tabletas indican el inicio de una nueva era: la vida móvil. ¿Qué es la vida móvil? Veamos lo que ha sucedido con la cultura de la imagen: hemos transcurrido de la vida fija, es decir, de tener que acudir a una sala de cine para ver una película, a ver nuestras series favoritas en casa (y no necesariamente en la sala de estar sino en nuestra habitación privada). Si estamos en la pieza principal de la casa viendo la tele seguimos al mismo tiempo otros centros de interés audiovisual mediante la tableta, y lo más probable es que tuiteemos o facebookee-mos (me acabo de inventar esta palabreja) nuestras impresiones mientras vemos la serie, el partido de futbol o el reality show. Y cuando salimos de casa nos mantenemos permanentemente conectados con nuestros iguales mediante el WhatsApp y obtenemos la información que necesitamos durante la jornada de los distintos servicios accesibles en línea. Redes como YouTube nos proporcionan el acceso a bienes audiovisuales que nos sirven más allá de donde la televisión convencional no llega y Twitter y Facebook son mucho más que lugares de encuentro con amigos; verdaderas plataformas de información que hacen de nosotros un medio informativo en marcha.

> **La tecnología de la vida móvil tiene dos caras, y a cada persona le corresponde la responsabilidad de elegir la correcta.**

Gracias a la comunicación ubicua, miniaturizada y ligera, propiciada por Internet y la red telefónica inalámbrica mundial, nuestra vida es una vida móvil. A muchos les asusta esta nueva manera de vivir pero la mayoría sacan de ella el mayor provecho y obtienen una calidad de vida superior a la de la «vida fija». La vida móvil es el reino de lo inmediato, lo rápido, de la hiperconectividad, lo disponible en todo momento, de la resolución de problemas y la disponibilidad de recursos, de la sociabilidad fácil, la posibilidad de hacer nuevos amigos y vivir una vida cotidiana más gratificante.

Todo eso en teoría. También puede suceder lo contrario: que una excesiva fijación en los dispositivos móviles conduzca a un empobrecimiento de los centros de interés, a una exagerada focalización de las relaciones más próximas y una cierta actitud perezosa en la búsqueda de nuevas posibilidades a causa de una desmesurada disponibilidad de medios.

La vida móvil puede ser todo eso. Todo tiene dos caras porque el ser humano siempre tiene la capacidad de optar por una posibilidad u otra. Pero la vida móvil nos abre unas posibilidades inéditas hasta el momento en la vida del planeta, algo que nunca ha sucedido durante todos los siglos que el ser humano lo puebla. Podemos aprovechar esas posibilidades insospechadas para vivir mejor. Podemos hacer que la tecnología de la comunicación, a través de los dispositivos móviles inteligentes, nos deposite en el bolsillo verdaderos superpoderes[1] que nos enriquezcan y potencien.

## Una vida comunicativa para vivir mejor

Los científicos sociales están estudiando esta nueva era de la comunicación y la vida móvil. Manuel Castells es un sociólogo español de gran experiencia internacional, una verdadera superestrella de la universidad norteamericana de Berkeley que se ha convertido en el más importante investigador de los cambios que la sociedad experimenta mediante la relación entre comunicación, economía y poder. Según Castells nos encontramos en la «sociedad Red» a partir de las grandes transformaciones socioeconómicas que ha producido Internet, y una de esas transformaciones ha sido el paso de la hasta ahora conocida como «comunicación de medios» (prensa, radio, televisión) a lo que él llama «la autocomuni-

1. Mientras escribía me encontré con un artículo en el diario *El País* en el que Jaime García Cantero, analista de medios y director de contenidos de Retina, utilizaba el concepto «superpoderes» para describir el potencial que encierra lo que la «autocomunicación de masas» encierra para quienes la ostentan. Le agradezco muchísimo que me haya proporcionado involuntariamente la palabra que necesitaba para describir la intención de este libro, así como también quedo agradecido a Serendip por la chiripa. Verlo último mo en el negocio digital en Retina: www.elpaisretina.com

cación de masas». Lo bueno es que en la autocomunicación de masas los medios ya no son lo que hasta ahora entendíamos por tales: los medios son las personas. Alguien con un *smartphone* o tableta encima, conocedor de los usos avanzados de su tecnología, dotado de capacidad crítica para emplear positivamente la información y con una actitud dinámica fruto de la curiosidad y la intención de estar conectado con la gente, con el mundo y con la vida, puede convertirse en un verdadero medio de comunicación con piernas.

La vida móvil es una vida comunicativa en la que no sólo podemos recibir información y aprovecharla sino crearla y transmitirla para poder influir con ello en nuestro entorno y más allá. Es una vida que goza de una gama mucho más amplia de opciones que la vida fija. Las opciones vitales que ofrece giran alrededor de la comunicación, ya que esta nueva era es una sociedad de la comunicación. La vida móvil es, si se mira la perspectiva de la historia, una vieja aspiración de la humanidad: que el campesino medieval reducido a siervo se desvincule del terruño y del señor que lo domina; que el comerciante pueda ampliar sus horizontes y hallar nuevos mercados en otras tierras; que las personas se muevan con seguridad por los caminos sin ser asaltadas ni asesinadas; que los barcos lleven a las gentes a descubrir otros mundos ignorados; que los modestos opten por emigrar y establecerse en otras tierras donde hallar prosperidad; que las personas de distintas culturas se interrelacionen entre sí por encima de fronteras y diferencias y se den cuenta de que existe una sola humanidad. La actual vida móvil propiciada por los *smartphones* y las tabletas es la última etapa de ese recorrido de siglos. Aprovechémosla y hagamos un buen uso de ella. Ojalá este libro ayude.

## Sobre las recomendaciones en este libro

Las aplicaciones para dispositivos móviles que aparecen en este libro son solamente una ínfima parte de las que existe en el mercado, que aumenta cada día su oferta. Al describirlas intentamos que en su conjunto constituyan una guía práctica que pueda orientar al usuario cuando desea profundizar en la tecnología móvil y sacar el mejor partido de ella, que no podrá ser más que mínimamente representativa y que deberá ser tomada en cuenta como un ejemplo del que partir.

Las aplicaciones para dispositivos móviles, programas informáticos, websites y tecnologías digitales diversas que aquí son propuestas lo hacen a título totalmente gratuito y a exclusivo criterio del autor. No se recomienda producto alguno por razones de beneficio económico, compensación publicitaria ni de ninguna otra clase o cualquier otra ganancia oculta sino porque el autor considera de buena fe que el conocimiento de su utilidad puede ser útil para el lector.

# 1

# UN DÍA EN LA VIDA MÓVIL

Cómo la red telefónica y la Red de redes nos permiten vivir mejor nuestra vida cotidiana

> *Hoy día lo raro es que un teléfono sirva solamente para hablar. Mil y un usos posibles del smartphone representan otras tantas posibilidades de llevar una existencia más gratificante.*

La jornada del usuario de un *smartphone* comienza vinculada al teléfono móvil: los ciudadanos que lo usan empiezan el día empleándolo como despertador. Antes de echar mano del aparato para llamar por teléfono a alguien lo aprovechan para hacer algo que es necesaria y sensatamente previo como es transcurrir del sueño a la vigilia y estar en condiciones de atender a las cuestiones para las que es necesario estar despierto.

El *smartphone* muestra desde la primera hora del día su capacidad de absorber, acumular e integrar funciones que hasta hace poco correspondían a otros artefactos. Se convierte en un elemento de la vida doméstica al mismo tiempo que a lo largo de la jornada va adoptando muchas otras formas, según la gran diversidad de aplicaciones de las que dispone y de los usos que es posible darle. Un teléfono móvil que solamente sirva para telefonear es hoy día una verdadera rareza.

## ¡Ring, ring! Despierta, soy tu teléfono

No es extraño que lo primero que hagan los usuarios del *smartphone* al comienzo del día sea echar mano de él cuando aún están en la cama. La gente se despierta con el teléfono móvil por la sencilla razón de que la noche anterior se acostó con él. Muchas personas dejan el celular en la mesilla de noche para que les sirva como despertador a la mañana siguiente. Una vez nuestro feliz usuario ha echado pie a tierra, y hace la primera visita del día al cuarto de baño, es muy probable que también allí lleve consigo el *smartphone*. Servicio en la privacidad más estricta —lecho y aseo— pero vínculo inmediato con la realidad social e interpersonal: el uso siguiente al del despertador que se hace del aparato es dar un vistazo a las aplicaciones de mensajería instantánea —como el popularísimo WhatsApp— al correo electrónico o a las redes sociales, Facebook y Twitter sobre todo. De este modo las nuevas tecnologías rompen las barreras hasta ahora férreas que existían entre lo extremadamente privado y lo más abiertamente público. Porque una cosa es leer el periódico mientras se está sentado en el váter o escuchar las noticias de la radio al mismo tiempo que uno se ducha y otra muy distinta estar en disposición de interactuar con otras personas o entidades informativas al mismo tiempo que se llevan a cabo las tareas propias de la higiene personal.

> *La defensa de la privacidad frente a la intromisión es necesaria para que el smartphone esté a nuestro servicio y no a la inversa.*

Esa superposición entre lo privado y lo público, lo íntimamente personal y lo abiertamente social, preside el empleo del *smartphone* a lo largo de la jornada del usuario. Los sociólogos tienen aquí mucha materia de estudio, pues la vida moderna, tal como la conocemos, surge con el nacimiento de la privacidad. Disponer de un espacio propio de la familia, exclusivo y resguardado de la presencia o la vista de los demás, ha sido un logro civilizacional que, por común, suele darse por sentado, cuando lo cierto es que la democracia se basa, precisamente, en el respeto e inviolabilidad de esa privacidad domiciliar: el derecho a no ser molestado en casa, a que la autoridad policial no entre en el domicilio de uno a no ser que disponga de la correspondiente orden judicial, es lo que distingue un país democrático de otro que no lo es. La irrupción de los dispositivos móviles en nuestras vidas contribuye a desdibujar los límites de la privacidad para plantear unas nuevas concepciones de lo público y lo privado que necesariamente deberán conllevar unos nuevos límites y distinciones. De una sabia utilización de los dispositivos móviles depende pues no solamente su buen uso sino el mantenimiento de una vida privada que sea conveniente al mismo tiempo que las aplicaciones de esos aparatos nos confieren nuevas potencialidades que pueden enriquecer nuestra vida cotidiana.

## En bus, en automóvil y caminando

Cuando el usuario del *smartphone* emprende el camino a sus obligaciones laborales lo hace igualmente provisto de él: la mayoría de gente emplea el *smartphone* mientras viaja en transporte público. Sólo hay que mirar a nuestro alrededor cuando vamos en autobús o en metro para ver que la mayoría de nuestros compañeros de viaje están utilizando un móvil o una tableta. Previamente habrán recurrido a aplicaciones vinculadas al servicio de transporte público local para consultar las rutas y frecuencias de paso de autobuses, trenes y subterráneos, y antes incluso habrán hecho lo mismo con las que nos muestran la previsión inmediata del tiempo en los lugares a los que vamos a viajar.

Si nuestro protagonista se desplaza al trabajo en su vehículo particular formará parte de otro grupo mayoritario de usuarios móviles: un 38 por ciento de ellos usan el *smartphone* en el automóvil. Con ello se introducen en una zona de riesgo muy a tener en cuenta, pues muchos de los accidentes de tráfico son por causa de las distracciones que causa el *smartphone*, que tiene cada mayor peso como factor de riesgo en la circulación automovilística. Esa es la cara fea de las opciones que el *smartphone* ofrece: las distracciones ocasionadas por el uso del móvil en momentos y lugares que no son los apropiados y que enierran riesgo ya son problemáticas cuando el usuario despreocupado va caminando, pero cuando se encuentra al volante de un vehículo y trata de atender una llamada o incluso de leer un mensaje que acaba de recibir, el uso indebido pone en peligro su vida y la de los demás.

Las escuelas de conducción están llevando a cabo constantemente cursos de reeducación vial en los que tratan de corregir la tendencia de los conductores a cometer imprudencias con el mal uso del móvil. Y en algunos países como Alemania, las autoridades municipales han empezado a instalar semáforos en el suelo, de modo horizontal, embutidos en el pavimento, para que los viandantes que caminan cabizbajos con la vista fijada en el *smartphone* puedan advertir la luz roja o verde que les advierte de su llegada a un paso de peatones, la vía de un tranvía o una intersección peligrosa. ¿Se trata de proteger a toda costa a la gente incluso cuando se comporta de manera estúpida o de ser fiel al dicho que reza «si no puedes derrotar a tu enemigo únete a él»? Veremos diversas modificaciones del paisaje urbano a medida que se haga todavía más masivo el uso del *smartphone*. Son las dos caras que la enorme difusión del móvil presenta: un elemento tecnológico que hace la vida más fácil o más divertida pero que al mismo tiempo encierra el potencial de… acabar con ella. La cuestión es muy importante porque ya no estamos hablando de una novedad o una tendencia incipiente que resulta curiosa: España es el segundo país del mundo en cuanto a tasa de penetración de teléfonos inteligentes, y los países hispanohablantes siguen esa tendencia, probablemente por el carácter comunicativo de las personas latinas y la sociabilidad conversacional que existe en todas esas naciones.

## Conectados en la empresa... con la empresa y más allá

Una vez en su puesto de trabajo, el usuario móvil seguirá utilizando, probablemente, su *smartphone*. Y no sólo para seguir estando conectado con sus familiares y amigos o para obtener información de uso personal: cada vez se utiliza más el propio móvil en tareas profesionales en el lugar de trabajo, incluso conectándolo a la red corporativa.

La tendencia se inició en Estados Unidos, dando origen a una práctica llamada BYOD (*bring your own dispositive*, o trae tu propio dispositivo) y se ha extendido por todo el mundo, sorprendiendo a las empresas. Muchas compañías que no se habían planteado adoptar estrategias de movilidad se han hallado de pronto en una situación en que buena parte de sus empleados usan su móvil o tableta particulares para acceder al correo corporativo en cantidades tales que llegan a poner en peligro la red de la empresa. Adecuar la potencia de la red corporativa a esa nueva avalancha de usuarios es visto por algunos como un inconveniente pero por muchos otros como una ventaja, pues acaba potenciando la productividad del trabajador y ayuda a la conciliación de la vida profesional con la vida familiar.

Uno de esos aspectos de la conciliación entre lo laboral y lo personal lo ejercerá nuestro usuario móvil al no tener que ausentarse del puesto de trabajo para hacer una gestión bancaria. La polémica sobre los horarios de apertura al público de la agencias bancarias va quedando atrás mientras el uso de la banca *online* aumenta y las entidades van cerrando sucursales cada vez con mayor frecuencia. El éxito de la banca *online* parece imparable: su penetración en el consumidor parece un hecho imparable y su progreso es una cuestión ininterrumpida desde el año 2007.

El caso de la banca móvil es representativo de los retos principales que las nuevas tecnologías presentan a usuarios y corporaciones. Con el dinero no se juega, y la preservación de la seguridad y la privacidad en el tráfico de datos en este sentido es primordial. De estos aspectos depende también que los usuarios móviles terminen por adoptar masivamente el comercio electrónico, que encuentra en los dispositivos móviles su mejor zona de expansión.

> **En el trabajo y en el hogar, en el entretenimiento y en sociedad, el smartphone debe ser una ayuda y no una adicción que nos obsesione.**

Otra muestra de la ruptura de las barreras entre la vida profesional y la atención a las cuestiones domésticas es la posibilidad de utilizar apps desde el móvil o la tableta mediante las cuales se pueden controlar equipamientos domésticos como la calefacción, el aire acondicionado o el riego del jardín, incluso monitorizar las cámaras de videovigilancia del sistema de seguridad de la residencia. Las posibilidades de la domótica —control cibernético y remoto de las instalaciones hogareñas mecanizadas— son muy grandes pero aún están poco extendidas. Hay un gran trabajo técnico que desarrollar en este sentido por parte de los ingenieros, pero aquellos afortunados que hayan podido dar con un sistema práctico, eficiente y asequible económicamente habrán hallado una comodidad muy importante que añadir a su vida móvil.

## El comercio móvil, un punto débil

La facturación del comercio electrónico mundial ha repuntado en los últimos meses alcanzando cifras inimaginables hasta hace poco tiempo. Cada vez se registra un mayor número de transacciones, mayoritariamente en torno al marketing directo, los discos, los libros, periódicos, papelería y prendas de vestir. Pero el comercio electrónico mundial sigue aún rezagado respecto a algunos países europeos y los EE.UU. Muchas personas siguen confiando en la tienda física para realizar sus compras semanales, mientras que unos pocos consumidores lo hace por Internet.

El usuario móvil muestra ahí una limitación que no se alcanza a determinar si es personal suya o de la falta de capacidad de las ofertas comerciales *online* para ampliar su cantidad y rango de clientes. Uno de cada dos españoles asegura no haber comprado nunca por Internet a través de dispositivos móviles, mientras que sólo un 7 por ciento reconoce comprar con frecuencia con estos dispositivos, casi la mitad que en Alemania o Reino Unido.

Esta situación del comercio *online* y sus posibilidades móviles se parece a la de aquel chiste que dice así: «érase una vez una empresa vendedora de zapatos que envió a dos de sus comerciales a explorar las posibilidades de mercado de una región africana. Al cabo de unos días, uno de los agentes escribió un telegrama a la casa central: "Aquí no hay nada que hacer, todo el mundo va descalzo. Regreso mañana". Pero otro vendedor reportó: "Gran mercado potencial: nadie lleva zapatos, de modo que envíenme ya un cargamento porque todos necesitan un buen calzado"».

Los usuarios móviles se encuentran en la situación de que las tiendas de comercio *online* —y no digamos ya las webs de las empresas en general— están muy poco desarrolladas en cuanto a usabilidad y son escasamente atractivas en su diseño. Se echa en falta el lanzamiento de un gran número de apps que permitan convertir en móvil el comercio *online* y la capacidad de servicio rápido, eficiente y seguro. Las grandes cadenas de supermercados van por delante, junto con gigantes comerciales como Amazon, de modo que nuestro usuario móvil puede perfectamente, antes de terminar su jornada laboral, hacer la compra y recibirla en casa cuando haya llegado a ella.

Sin embargo, el pago mediante *smartphone* está evolucionando con gran rapidez. Gracias a la iniciativa de Samsung, el pago con el móvil directamente en tienda ya es posible. Samsung Pay permite asociar a su sistema hasta diez tarjetas de crédito, débito o de grandes almacenes de modo que puede hacer compras a su cargo sin utilizarlas directamente, pues con este medio se puede pagar directamente con el móvil y hacerlo con toda seguridad. Repsol, El Corte Inglés y grandes cadenas de mercados y almacenes están asociándose con Samsung y con toda probabilidad ello extenderá y normalizará el pago móvil.

Esto debería suponer un reto para el comercio electrónico en general, que obligaría a empresas de diversas dimensiones a evolucionar en este sentido.

Otros servicios, como el taxi, han tomado la delantera en numerosas ciudades. Así, en el momento de regresar al domicilio, el protagonista de nuestra historia, si tiene prisa, dispondrá de diversas apps que le permitirán llamar un taxi, abordarlo en la puerta de su empresa y volver a su vida privada tranquilamente mientras escucha música en su *smartphone* gracias a Spotify, iTunes o a tantos otros servicios de música en línea.

## Hogar, dulce y móvil hogar

Acomodado tranquilamente en su domicilio, las aplicaciones móviles le permiten a nuestro usuario dedicarse al ocio o a ciertas importantes gestiones administrativas, como la realización de la declaración de renta, aportar información adicional y confirmar el borrador de la declaración, tanto con el *smartphone* como con la tableta. La administración del estado ofrece de este modo las condiciones de privacidad y seguridad que el usuario online requiere con todo derecho. De este modo, el 85 por ciento de los cerca de 19 millones de ciudadanos españoles que presenten la declaración de la renta podrán hacerlo a través de esta tecnología.

Desde casa y ya entregado al entretenimiento, el usuario móvil puede explorar posibilidades de viajes y excursiones, o incluso estar al corriente del momento en que la televisión emite su serie favorita. Si es invierno, tendrá ante sí el panorama completo que le ofrecen las estaciones de esquí; si es verano, el estado de las playas. Es interesante ver cómo el hogar se convierte en un escenario en el que conviven y se combinan felizmente lo fijo y lo móvil: cada vez más la gente, sobre todo los jóvenes, ven la televisión mientras manejan al mismo tiempo el *smartphone* o la tableta. Se comentan los programas o las series con los amigos al mismo tiempo que se las mira en el televisor, de modo que prestan atención casi simultáneamente a dos pantallas al tiempo.

> **La telefonía móvil combinada con Internet han abierto un espacio social completamente nuevo, inédito en toda la historia de la humanidad.**

El zapping ya no se realiza, o no tanto, con el mando a distancia de la tele sino que ahora se practica lo que llamaríamos un zapping social. Se suele olvidar que ver televisión no es necesariamente un acto solitario; de hecho, los grandes éxitos de audiencia sobrevienen cuando los ciudadanos suscitan una transmisión boca-oído acerca de lo que han visto o están viendo. Las más exitosas telenovelas no sirven únicamente para que sus espectadores gocen de un rato de evasión con ellas; el entretenimiento que ofrecen se prolonga en la cafetería, la espera de los niños a la puerta del colegio, la peluquería o la tienda de comestibles. La diferencia es que ahora existe un nuevo espacio social, el que ofrecen las redes de Internet y las plataformas de mensajería móvil. No es necesario esperar al día siguiente para compartir el placer del relato televisivo; la vida móvil nos evita, paradójicamente, esa movilidad, trayéndonos los amigos a casa en lugar de tener que esperar para encontrarlos. Se trata sin duda de una novedad interesante.

La fluidez de la vida móvil presenta una ventaja: difuminar las fronteras entre el entretenimiento y la educación. Nuestro usuario móvil, una vez instalado cómodamente en su domicilio, obtiene en sus dispositivos la posibilidad de aumentar sus conocimientos mediante el acceso no sólo a fuentes de información sino a medios de formación. Una de las más fáciles es YouTube, que no solamente proporciona horas y horas de entretenimiento audiovisual sino numerosísimos materiales educativos en forma de videotutoriales. Uno puede hallar vídeos cortos que enseñan desde cómo plegar correctamente las camisas para almacenarlas en el ropero hasta el aprendizaje gradual de cualquier ciencia, pasando por habilidades como el medio de desbloquear un *smartphone* cautivo, dar la vuelta correctamente a la tortilla de patatas o cultivar un huerto en la terraza de casa. Las universidades, además, no cesan de lanzar cursos MOOC, programas educativos en línea sobre las materias más variadas, gratuitos y dotados de la solvencia de las mejores instituciones universitarias, capaces de formar en egiptología, psicología o matemáticas, por citar solamente tres disciplinas muy distintas entre sí. La educación en línea y móvil es uno de los fenómenos que más crecen en la Red y un objetivo prioritario de la UNESCO, la organización de las Naciones Unidas dedicada a la promoción de la cultura y la educación, que continuamente está impulsando todo tipo de iniciativas formativas en la Red y los espacios móviles. Con todo ello uno puede convertir la sala de estar de su casa en un aula de formación permanente, que puede poner en marcha y suspender a voluntad, de acuerdo con sus propios ritmos de vida y necesidades. La vida móvil es cómoda no sólo para el entretenimiento sino para la formación.

## Una mayor y mejor vida social en un mundo sin fronteras

Estos episodios de la vida de nuestro usuario móvil vienen a desmentir que los *smartphones* y sus prestaciones aíslen a las personas y terminen con la vida social reduciendo las relaciones interpersonales. Se trata precisamente de todo lo contrario. El usuario móvil conectado es un superusuario de la comunicación. La tecnología no le va a dotar de mayores habilidades sociales, de más cultura o de mejor inteligencia, pero le va a proporcionar la oportunidad de desarrollar esas cualidades.

Lo que hace la vida móvil es rematar la descomunal jugada que se abrió con la invención de Internet y luego se desarrollo con la eclosión de la web 2.0, la llamada web social. La movilidad comunicativa lleva la sociabilidad de la web a una expansión que no parece conocer límites mediante la alianza de la Red de redes y la red de telefonía. La vida móvil es un verdadero estallido social: el móvil ha desplazado al ordenador como vía principal de acceso a Internet en 2015. Este enorme cambio social no tiene vuelta atrás.

Nuestro superusuario móvil tiene superpoderes en el bolsillo porque se apoya en el descomunal potencial que confiere una masa de población que oscilará, sólo en España, entre los 50 y los 100 millones de personas durante cinco años consecutivos. Traspóngase el cálculo al conjunto de los países del mundo, especialmente en nuestro caso a los países de habla hispana, con un potencial de más de 500 millones de personas, y dispóngase uno a tomar asiento cómodo y seguro para reflexionar sobre lo que supone formar parte de un sector de población mundial tan ingente, cuyos miembros están potencialmente conectados entre sí y todos juntos constituyen no solamente un mercado de productos y servicios, un espacio comunicacional en el que circula todo tipo de información, noticias, películas, música y muy diversos productos culturales de entretenimiento.

Se trata, veámoslo así, de un nuevo país: una especie de superpaís, una nueva entidad colectiva superpuesta a las ya existentes; no de derecho pero sí de hecho. La vida móvil mueve en cierto modo la manera como se desplazan ciertas formas de vida en los países «fijos», en la medida que la secular aspiración de la libertad de movimientos ha sido uno de los ejes conductores de la evolución de la civilización. En eso consistían las antiguas peregrinaciones medievales, el camino de Santiago, la peregrinación a Jerusalén, el viejo dicho de que todos los caminos llevan a Roma; en la búsqueda de la ruptura de los límites territoriales y en la libertad de paso —tan bien explicada en la leyenda masónica del grado 15° del Rito Escocés Antiguo y Aceptado— que es consustancial a la liberación de la esclavitud y la tiranía. Peregrinar hasta un santuario no era una superstición sino la culminación de un anhelo de ir al encuentro de una manera de vivir en la que la libertad de horizontes permitiera reconocer la dignidad del individuo. «Llegar y besar el santo», dice la frase hecha para aludir a los que tienen suerte, es decir, culminar el peregrinaje. Todo esto no es una ensoñación: la humanidad viene de muy lejos y va más lejos todavía; Internet, las redes móviles, los sucesivos inventos tecnológicos no son más que la realización material de aspiraciones muy antiguas.

Yo deseo al usuario móvil, al feliz ciudadano que ya puede disfrutar de sus superpoderes portátiles, que aproveche esta gran oportunidad para construir una vida buena para él y los suyos y que tenga la inteligencia y la sensatez suficientes como para utilizar toda esta gama de dispositivos para vivir mejor, disfrutar, crecer y alcanzar sus objetivos. La vida móvil es una buena vida. La vida buena es una vida humana.

# 2

# UNA MEJOR VIDA SOCIAL

Redes de relación: interacción responsable
para mejorar las relaciones personales

> *Hay vida más allá de WhatsApp. Las redes sociales y la mensajería instantánea nos permiten algo más que hacer amigos: convertirnos en influenciadores.*

Las redes sociales de Internet han permitido que las relaciones interpersonales alcancen una extensión, frecuencia e intensidad impensables hasta hace poco. La vida móvil ha llevado esas posibilidades mucho más allá: a estar permanentemente conectados con la gente que nos importa, las personas que nos interesan y las que nos pueden aportar algo nuevo. La más contundente combinación de red telefónica móvil y Red de Internet ha sido WhatsApp, el sistema de mensajería instantánea que permite enviar notas de texto sin el coste que supondría hacerlo mediante SMS.

En el momento de escribir este libro más de mil millones de personas en el mundo utilizan WhatsApp. Los usuarios lo emplean una media de 45 minutos por día. De hecho, este sistema tecnológico se ha convertido por sí mismo en una red social, sin tener un formato predeterminado como Facebook o Twitter, de modo que han sido los propios usuarios los que le han erigido hasta esa condición. WhatsApp es la relación interpersonal químicamente pura: yo te llamo, tú me respondes y nos contamos cosas. Es curioso ver que se considera desde el punto de la sofisticación tecnológica algo que pertenece a lo más elemental de la condición humana: la sociabilidad.

WhatsApp aporta a la comunicación interpersonal elementos de gran valor que deben ser tenidos en cuenta incluso por quienes lo consideran un simple motivo de cotilleo. Los principales son:

- El intercambio de información e impresiones se realiza por escrito, cumpliéndose así el dicho clásico: «Las palabras vuelan, lo escrito queda». Es posible revisar la conversación y tomar nota de los asuntos sin que queden dudas al no poder recordarla, si fuera una conversación de voz.

- A diferencia del correo electrónico, cuando alguien no ha leído nuestro mensaje tenemos constancia de ello. Sabemos así si nuestro interlocutor se ha enterado de lo que queríamos decirle (y viceversa).

- Del mismo modo, sabemos quién ha leído nuestro mensaje, de modo que nos queda constancia de que se ha enterado de lo que le queríamos comunicar. Podemos saber además el día y la hora en que lo ha hecho.

- Es posible adjuntar a las comunicaciones diversos tipos de documentos, fotos, vídeos o contactos.

## El grupo de WhatsApp, una potente herramienta profesional

El caso de los grupos de WhatsApp es especialmente importante. Los grupos no sólo amplían y potencian nuestras relaciones con personas con las que compartimos intereses. Son, en la práctica, la posibilidad de organizar una reunión instantánea entre un grupo de trabajo en cualquier momento del día: se acabaron las citas a reuniones a las que siempre falta alguien, a la interminable agenda de encuentros que acaban resultando largos y engorrosos. El grupo de WhatsApp ofrece la ventaja de comprobar quién no ha atendido a un mensaje o a una etapa de la conversación, de modo que el conductor de la reunión está siempre al corriente del estado de la circulación de información entre las personas que coordina.

Cualquier persona dedicada a una actividad profesional compartida con otros profesionales con los que mantiene relaciones laborales, de intercambio o de comunidad de intereses debe considerar seriamente la oportunidad de formar con ellos un grupo de WhatsApp porque ello potenciará el grupo de un modo notable. El intercambio de documentos es una prestación que, en esa dimensión de reunión profesional, adquiere un valor muy importante.

Por supuesto el uso de los grupos de WhatsApp como chat entre amigos es igualmente eficiente y recomendable. A considerar el papel potenciador de la influencia personal que confiere ser creador y animador de un grupo en torno a una actividad o interés común. Recomiendo buscar en Google «grupos de Whatsapp» para encontrar los más convenientes según los propios intereses y el país en que se viva.

Atención: hay que diferenciar los grupos WhatsApp de los grupos de difusión. El grupo de WhatsApp sirve para que varios contactos conversen o intercambien información entre sí. En cambio, un grupo de difusión sirve para enviar mensajes de forma individual, de modo que a cada usuario lo recibirá como si se le hubiera mandado de forma personal.

## Algunas posibilidades técnicas y recomendaciones

**Sincronizar WhatsApp con el ordenador** es conveniente para gestionar el archivo de los documentos adjuntos que se reciben y envían. Para ello se utiliza WhatsAppWeb, que no es otra cuenta de esa mensajería sino una plataforma sincronizada con ella y accesible desde el ordenador. De este modo, lo que se ejecuta en el Whatsapp del teléfono repercute sobre el espacio web y viceversa. Verlo en **web.whatsapp.com**.

WhatsApp sólo permite enviar como documentos adjuntos fotos, audio y vídeo. Pero se puede **transmitir todo tipo de archivos**, como audio, texto, PDF, aplicaciones y muchos más, con CloudSend. Esta aplicación se conecta también con Dropbox y su sistema de sincronización entre plataformas, obteniendo de él los materiales a enviar. Verlo en **cloudsend-mobile.com**.

Saber que los demás han leído tus mensajes es útil, pero también lo es **impedir que sepan que has leído los suyos**, si es que deseas gozar de este tipo de privacidad. En WhatsApp es fácil pasar desapercibido desactivando todo tipo de avisos de manera que el remitente no tenga noción de si estamos conectados o no, o bien si hemos leído el mensaje o no. El problema es que activar estos modos de incógnito nos impide saber los detalles de la parte contraria (si están en línea o ha leído el mensaje). Pero es posible leer los mensajes que nos llegan sin dejar rastro de la lectura y sin ponerse en modo incógnito.

> *WhatsApp es bueno para el cotilleo pero también es una poderosa herramienta de gestión de las relaciones profesionales.*

Existe un truco que nos permite leer no sólo los mensajes de WhatsApp sino del Messenger de Facebook sin dejar rastro de su lectura. Se trata de aprovechar del sistema de notificaciones de los móviles: cada vez que nos llega una notificación de este tipo, el sistema descarga de facto el mensaje en el móvil y no envía al remitente ningún tipo de notificación hasta que lo abrimos. Pues bien, hay que desactivar la conexión de forma que se impida el envío de la notificación al remitente. Estos son los pasos a dar en cuanto nos lleguen los mensajes a espiar:

- En el momento en el que nos llegue un mensaje, el sistema de notificaciones del móvil lo muestra (incluso con la pantalla bloqueada), pero no haremos nada.

- Es el momento de desconectarse: activaremos el «modo avión» del equipo para evitar que nuestro móvil envíe ningún aviso. Huelga decir que a partir de este momento tampoco podremos enviar ningún otro tipo de mensaje ni recibirlo.

- Con el móvil ya en modo avión, llega el momento de la recompensa: podremos leer tranquilamente todos los mensajes sin dejar rastro de ello.

**Programar mensajes para que se envíen de forma automática** a un contacto, el día y hora indicados, es útil para felicitar cumpleaños, hacer recordatorios o convocar a eventos. Para ello podemos utilizar la aplicación Seebye Scheduler, que además hace que el receptor no se dé cuenta de que ha recibido un mensaje automático. Verlo en **seebye.com**.

A menudo deseamos **volver a ver un mensaje que hemos leído** y por lo tanto queremos mantenerlo como pendiente. Hay que mantener pulsada una conversación y clicar en «marcar como no leído». Esto no elimina el tick azul en la otra persona, pero sí deja un círculo verde en la conversación para que recuerdes que la tienes que leer más adelante.

**Añadir más de un administrador a un grupo** es útil para poder añadir o eliminar a alguien y no tener que pedir permiso. En la ventana de información del grupo podemos hacer administrador a la persona deseada o varias de ellas para que podáis compartir esas facultades organizativas.

Es posible **recuperar las conversaciones borradas** con sólo reinstalar la aplicación de WhatsAppp en el teléfono. Al hacerlo hay que buscar la opción «restaurar historial», que recuperará todas las conversaciones que han sido borradas y que han quedado guardadas automáticamente en la tarjeta SIM. Eso sí, solamente durante siete días, después de los cuales se borran automáticamente.

**Para no perder un mensaje que nos interesa** revisar y recuperarlo del mar de comunicaciones en el que se va a hallar sumergido, hay que marcarlo como favorito. Sólo hay que pulsar sobre el comentario y de entre las opciones que aparecen arriba, tocar la estrella. Para volver a verlo una vez marcado, tocar sobre las tres estrellas y aparecerán los mensajes destacados, donde se halla el que hemos guardado.

**Saber quién ha leído nuestro mensaje en un grupo** es muy sencillo: dejar pulsado el mensaje hasta que en la parte de arriba aparezca un icono de información (i) dentro de un círculo. Lo pulsamos y aparece la información del mensaje, quién lo ha recibido, a qué hora, y también quién lo ha leído, así como de nuevo la hora.

# Otras plataformas y redes alternativas a WhatsApp

## TELEGRAM

Es la alternativa que más seriamente discute el liderato de WhatsApp. Ofrece un ecosistema de aplicaciones muy completo, tanto para smartphones como para PC, Mac o Linux, de modo que se puede sincronizar y utilizar en todas ellas. Permite crear grupos de hasta 200 personas frente a los 50 de Whats-App, cosa aconsejable si se desea utilizar para gestionar organizaciones amplias, crear movimientos sociales o utilizar en marketing. Destaca por sus opciones de privacidad, el cifrado de los mensajes y sus posibilidades para usuarios tecnológicamente avanzados. Verlo en **telegram.org**.

## SNAPCHAT

Más que alternativa es un complemento de WhatsApp, pero los adolescentes y preadolescentes la están adoptando como su red favorita, por su esencia visual, su inmediatez… y porque sus padres están en Facebook. Snapchat fue concebida como una app para enviar fotos, textos o vídeos que caducaban al poco tiempo y se borraban de los teléfonos, tanto del emisor como del receptor, se ha convertido en un completo servicio de mensajería instantánea que ofrece esta disponibilidad temporal pero también la opción de realizar videoconferencias. Es sobre todo una plataforma de intercambio de fotos y vídeos y permite guardar algo de la información intercambiada y su red ofrece la posibilidad de descubrir contenidos para estar al día de las novedades.

Las imágenes están disponibles sólo unos segundos para el receptor, de modo que Snapchat es una red de mensajes gráficos instantáneos y rápidos. Verlo en **snapchat.com**.

## INSTAGRAM

Probablemente es la red social de imágenes más extendida que a menudo se usa en paralelo a WhatsApp, para compartir con nuestros amigos las imágenes que tomamos en nuestra vida cotidiana. Antes, cuando íbamos de viaje, enviábamos una tarjeta postal y ahora difundimos fotos en Instagram. El encuadre y los filtros característicos de Instagram están configurando una especie de estilo visual propio de esta red que tiene especial atractivo para muchos. **Instagram.com**.

## El uso de las redes de Internet en el móvil: un camino hacia la influencia social

Las redes sociales de Internet parecen hechas a medida de los *smartphones*, por su inmediatez, minimalismo y potente capacidad de comunicación. De hecho Twitter lo es: nació como alternativa al SMS en Estados Unidos, en un momento que ese servicio era muy deficiente en aquel país; de ahí el formato de 140 caracteres de sus mensajes. La combinación del ordenador y el móvil en el uso de las redes sociales de Internet es una poderosa herramienta, pues permite al usuario estar en el centro de una actividad social que le proporciona información, relación con sus amistades, acceso a nuevos conocidos, descubrimiento de cosas nuevas y todo tipo de aprendizajes potenciales.

Pero no hay que perder de vista que el usuario móvil de redes sociales tiene la oportunidad, con ello, de convertirse en lo que se podría llamar «un medio de comunicación personal». El sociólogo Manuel Castells, quizás el investigador más excelente de la comunicación en la actualidad, habla de «autocomunicación» para referirse a algo que ya no es comunicación de masas (prensa, radio y televisión) ni comunicación digital en Red (Internet) sino que alcanza a los ciudadanos de manera personal. Gracias a la comunicación móvil en red, cada persona es un medio de comunicación en potencia.

> *Un influenciador o un prescriptor es alguien con cuya opinión hay que contar. La autocomunicación de masas ofrece a las personas con criterio un importante logro social.*

La combinación de las distintas redes en la vida móvil permite que las personas puedan no sólo recibir información y comunicarse entre sí sino convertirse en emisores de información y en influenciadores de su entorno personal y social. En primer lugar de su entorno inmediato, pero también, potencialmente de otros círculos más exteriores de personas y grupos. Son muy conocidos, por ejemplo, los blogueros especializados en moda o en viajes y gastronomía, que no son más que la parte más visible de un gran número de comunicadores que se han convertido en prescriptores.

Un prescriptor es alguien cuyo criterio es tenido en cuenta en el momento de considerar una opción determinada. Ese criterio ha sido construido por el propio prescriptor a base de su calidad en las apreciaciones, su capacidad de discernimiento y su constancia en la tarea comunicacional. Ser un prescriptor en alguna materia es un logro social muy importante que sin duda alguna influye para bien en la vida de los demás y en la suya propia. Ser considerado una persona influyente ha sido siempre una habilidad social muy apreciada; en la vida móvil, influir y convertirse en prescriptor están más al alcance que nunca gracias a la tecnología, pero esta no sustituye al criterio y el buen sentido; sólo que en la vida móvil hay más oportunidades de mostrar las propias cualidades.

## La comunicación en Facebook y Twitter

Las redes sociales de Internet permiten al comunicador situado en la vida móvil ir más allá del alcance de sus amistades o personas cercanas. Facebook y Twitter permiten combinar la relación amical con la comunicación social amplia y tratar de alcanzar ciertos niveles de influencia social. Veamos las características principales de cada una de ellas.

En Facebook es una tertulia monumental. No sólo podemos hacer nuevas amistades en ella sino recuperar viejos conocidos: amigos de la escuela y de la infancia, antiguos compañeros de trabajo o de otras actividades. Allí se habla de todo, de manera un poco caótica a veces, pero con una repercusión que va más allá de lo que podría hacer. En Facebook las relaciones son simétricas, lo que quiere decir que el seguimiento entre usuarios es mutuo. Cuando alguien te pide ser «amigo» en Facebook tú te conviertes en su «amigo» a la vez; cada uno de los dos puede leer el muro del otro. El propio muro de Facebook es el escenario principal de la conversación, en él leemos lo que dicen los «amigos» a los que seguimos. Si leemos el muro de otro «amigo» verás lo que ese amigo publica en él y además lo que publican en él sus amigos. La comunicación en Facebook es privada, solamente entre «amigos», las personas que se contactan mutuamente para relacionarse allí y puede optarse por diversos niveles de privacidad o publicidad.

En Twitter en cambio, la comunicación es pública y asimétrica. Todo lo que se publica en Twitter está a la vista de cualquier persona que entre en la Red, basta con que vaya a ver lo que emite la persona que te interese. La asimetría consiste en que no es necesario seguir a quien te sigue. Los «amigos» según el lenguaje de Facebook son «seguidores» o «followers» en Twitter. No es necesario pedir seguir a una persona y que esta te lo conceda, basta con clicar en su cuenta y marcar «seguir». Por tanto, no es necesario que sigas a tu vez a quien te siga. No hay «amigos» en Twitter sino personas que se siguen unas a otras pero no necesariamente de manera recíproca.

Hay pues menos «amistad» en Twitter dado que no está pensado para reunir a grupos de afinidad sino que es un verdadero medio de comunicación abierto y público. Pero tanto esta red como Facebook son dos magníficas plataformas de lanzamiento de ideas, propuestas y recomendaciones, un medio propio de comunicación en nuestras manos.

## El caso YouTube: una red social que no lo parece

YouTube, con sus vídeos innumerables que protagonizan a menudo difusiones virales, es el segundo sitio de Internet con más seguidores en el mundo, a continuación de Google. Pero se olvida que esa especie de televisión global a la carta es sobre todo una red social: concretamente, la primera red social del mundo, por delante de Facebook y Twitter. El gran protagonismo de los vídeos y el hecho de que la red esté basada en ellos y no en los mensajes o comentarios de los usuarios es lo que lleva a ese engaño. Pero la capacidad comunicativa de YouTube como red ha demostrado su enorme contundencia con el fenómeno de los youtubers, jóvenes videoaficionados que usan YouTube como medio de expresión, adquieren influencia con él y llegan a constituir alago que se parece a un nuevo género de comunicación en clave generacional.

Hay que tener en cuenta a YouTube en el momento de considerar el uso de las redes sociales de Internet en clave móvil. Explorar los vídeos que valen la pena no sólo porque le gustan a uno mismo sino seleccionar ciertas piezas y ofrecerlas para que las vean las personas de nuestras redes. Sin necesidad de realizar nuestros propios vídeos y con «sólo» seleccionar materiales de interés y valor podemos convertirnos en prescriptores entre nuestros seguidores. La contundencia comunicativa del vídeo resulta impactante, a condición de no difundir tonterías y proponer a nuestros amigos que empleen una parte de su precioso tiempo en que atiendan a un visionado que les sugerimos porque creemos sinceramente que les puede aportar algo.

Con todo, no hay que descartar la posibilidad de convertirnos en realizadores y productores de nuestros propios vídeos. Claro que ello implica un esfuerzo considerable y la dedicación adecuada a una tarea que nos exige aprender ciertas habilidades y competencias videográficas. Para ello hay que abrir el propio canal en YouTube, algo que está al alcance de todos los usuarios, e ir subiendo a él los vídeos que vayamos produciendo. Es una decisión que hay que considerar con detenimiento, reflexionando sobre la orientación y el estilo que queremos darle a nuestro canal.

En el capítulo dedicado a la fotografía, el vídeo y el audio daré más detalles sobre el uso de YouTube que podemos incorporar si deseamos sacar buen partido de las posibilidades que el vídeo ofrece en la vida móvil.

## Algunas recomendaciones para el uso de las redes sociales en la vida móvil

El uso de las redes sociales en los entornos móviles o en Internet no presenta ninguna dificultad técnica digna de mención. Su empleo se ha extendido tan ampliamente entre la ciudadanía que ya forman parte de las actividades populares. Sin embargo, son un arma tan poderosa que sus implicaciones van más allá de lo que se suele sospechar, pues el poder de la comunicación humana es tan enorme que tiene la capacidad de influir en la vida de la gente e incluso cambiarla.

Cuando surgió Internet apareció también la llamada «netiquette» o etiqueta de Internet, recomendaciones sobre el modo educado de comportarse en la Red. El amplio alcance de las redes sociales ha hecho surgir nuevas profesiones relacionadas con la optimización de su uso en términos comerciales, de marketing o de comunicación influyente. Pero el usuario privado, el ciudadano que las emplea para relacionarse con sus amigos y conocidos y con las personas con las que comparte intereses o con grupos en los que desea introducirse se encuentra a menudo operando con el móvil y las redes sin ser demasiado consciente de las implicaciones de este tipo de relaciones.

*Las relaciones humanas son complejas. La tecnología móvil las facilita pero no las hace menos sofisticadas sino todo lo contrario.*

Ya no se trata sólo de etiqueta o de ostentar la buena educación a la que todos estamos obligados. Es que las relaciones humanas son de por sí complejas, y lo siguen siendo en las comunicaciones tecnológicas. El hecho de que estas relaciones no se den en persona y cara a cara no disminuye esa complejidad sino que a menudo la aumenta. Quisiera apuntar aquí algunos aspectos de las relaciones en red que hay que tener en cuenta para evitar malentendidos, para hacer un uso correcto e incluso mejorado de las mismas y para que la conversación en red conduzca a una excelencia en esas relaciones y sus resultados.

El uso adecuado de las redes depende de la claridad de los objetivos de su usuario, de la administración del tiempo y esfuerzo que se les dedica, de la comprensión de cada tipo de registro y tono de conversación, de la diferencia entre lo privado, lo público y la naturaleza de lo que se comparte y, por encima de todo, de la actitud empática y cordial del comunicador. Veamos algunas recomendaciones útiles para comprender mejor el uso excelente de las redes:

▎ **CUMPLE CON EL UNDÉCIMO MANDAMIENTO.** Dicen que cuando Moisés descendió del monte Sinaí con las tablas que contenían los diez mandamientos se le cayó uno por el camino, que desde entonces ha sido olvidado, y en cambio es más necesario que nunca: «No molestar». Cuando operes en las redes no molestes. Haz lo tuyo pero no te metas donde no te llaman, no hables de lo que no sabes y no te ocupes de lo que no te importa. Conversa tranquilamente con tus interlocutores pero no insistas si no te atienden; no trates de imponerte; no te des importancia; no ofendas o insultes.

▎ **VALORA TU TIEMPO Y EL DE LOS DEMÁS.** No hace falta que respondas inmediatamente a cualquier mensaje o interpelación pero contesta a todos en un tiempo prudencial. Tus interlocutores deberán entender que eres tú quien dispone de tu propio tiempo, y del mismo modo, debes tener presente que ellos hacen lo propio: no les des prisas ni te hagas farragosamente insistente. El uso compulsivo de las redes, especialmente WhatsApp es malo para la salud; administra sabiamente el tiempo que les dedicas y obtén de ello un goce en lugar de una crispación innecesaria.

▶ **NUNCA MIENTAS.** Se pilla antes a un mentiroso que a un cojo, y también en las redes. Sé quien realmente eres porque la comunicación en red es un espacio privilegiado que te permite ser tú mismo. Si tus amigos ven que lo que explicas es cierto, que lo que difundes es real y útil, que tu manera de ser es auténtica, ganarás no sólo su confianza sino su admiración. Es natural que a veces queramos darnos importancia pero eso se puede conseguir mediante la expresión constante de tu autenticidad y tu solvencia.

▶ **DIFUNDE SÓLO LO QUE VALE LA PENA.** El tiempo es oro, de modo que sólo debes reclamar atención cuando lo que propones vale la pena. Ciertamente, lo que vale la pena es, en principio, lo que te interesa a ti, y eso interesa a tus iguales. Cuando vayas a dirigirte a alguien que está más allá de tu primer círculo de amigos valora si lo que vas a difundir puede tener un interés ulterior. De este modo apareces como alguien con criterio solvente.

▶ **DIFERENCIA LO COMERCIAL DE LO DESINTERESADO.** Es posible que en algunos temas que te interesen tú mismo tengas alguna implicación comercial o que puede beneficiarte económicamente o de algún otro modo. Dilo siempre cuando sea así, ello no te quita credibilidad sino que te la da. No mezcles lo que te interesa por sí mismo y crees que puede gustar a otros con las acciones de marketing o comerciales. Estas son igualmente legítimas, pero hay que dejarlo todo claro.

## La clave de la excelencia en las redes sociales: claridad, regularidad, interactividad

Si nos proponemos usar las redes sociales con eficiencia para llegar a influir sensiblemente en nuestro entorno y otros ámbitos comunicacionales hemos de considerar el tiempo que le vamos a dedicar a la tarea. Una cosa es mantenernos en contacto con nuestros amigos y chatear con ellos y otra muy distinta es ejercer un flujo comunicacional regular que alcance el objetivo de posicionarnos socialmente. Para ello hay que tener en cuenta tres factores esenciales.

El primero, **claridad**. Lo que se publica en las redes sociales ha de ser claramente perceptible a primera vista. Hay que expresarse con claridad y usar correctamente el idioma, lo que significa no emplear expresiones confusas y dudosas. No hay problema gramatical en esto: sujeto, verbo y predicado en este orden. También hay que ser claro al enlazar fotos, vídeos, audios o cualquier otro material, explicando de qué trata su contenido, para que nuestro interlocutor sepa si le interesa abrirlos o no. La claridad en el mensaje es especialmente importante cuando queremos introducir algún elemento humorístico: no todos pueden entender nuestro sentido del humor, y ciertos modos de ironía no suelen ser captados por alguno. Eso no quiere decir que no usemos el humor sino que cuidemos de no ser mal interpretados.

La claridad afecta también a nuestra manera de presentarnos. No hace falta que demos mucha información sobre nosotros, basta con la que permita que seamos identificados adecuadamente. En el caso de Twitter, el pequeño texto descriptor que se pone en la página de inicio es especialmente importante en este sentido. Si se nos pregunta, digamos quiénes somos y qué hacemos, presentémonos como quienes somos. Los misterios, disimulos y actitudes huidizas casan mal con las relaciones abiertas y directas que implican las redes sociales. Otra cosa son las excesivas confianzas, que no hay que ofrecer ni solicitar hasta que existe una relación mutua lo suficientemente cercana. La identidad correcta y clara es un factor fundamental en las redes.

En segundo lugar, **regularidad**. Regularidad en la publicación y en el seguimiento que haces de las personas con quienes te vinculas a través de las redes. Ser regular en emitir mensajes significa hacer de tu presencia en ellas un valor apreciable y un elemento de confianza. Estar ahí significa que se cuenta contigo, que hay que tenerte en cuenta. Imprescindible para alcanzar relevancia social. Hay que emitir cada día y varias veces al día, si es posible en distintas franjas horarias (esto es especialmente importante en Twitter). Porque no todo el mundo mira todo todo el tiempo y por tanto has de dar oportunidad a que se te pueda encontrar en un momento u otro del día. La regularidad en la comunicación de información da la imagen de que quien lo hace va en serio, tiene cosas que decir de manera permanente y es un punto de referencia.

Por último, **interactividad**. Las redes no son (únicamente) un lugar donde exhibirse. Las redes son, por encima de cualquier otra cosa, conversación.

# 3

# FOTO Y VÍDEO DE CALIDAD PARA COMPARTIR

Más allá de las *selfies* hay todo un mundo de imágenes posible

> *Consejos técnicos y profesionales para mejorar nuestras fotografías y vídeos y con ello, mejorar nuestra imagen personal.*

Los *smartphones* permiten hacer mucho más que selfies —con o sin palo— del mismo modo que las redes sociales sirven para algo más que para difundir fotos de gatitos. La vida móvil permite que todos puedan hacer fotos, aunque no todos los que hacen fotos son fotógrafos. Hay personas que se escandalizan de esta popularización de la fotografía y del vídeo porque creen que deberían ser patrimonio de los profesionales. Pero esta tendencia de llevar la cultura de la imagen a todos viene de muy lejos.

No hay nada nuevo bajo el sol pues esto es una reedición, un siglo después, de lo que sucedió en 1912: Kodak inventó en aquel año la cámara fotográfica compacta, lo que la hizo portátil, y el carrete fácilmente revelable, tecnología que hizo accesible la fotografía a todos. La Vest Pocket Kodak (literalmente, Kodak para llevar en el bolsillo de la chaqueta) que así se llamaba el modelo, fue adquirida masivamente por las tropas expedicionarias estadounidenses que viajaron a Europa a combatir en la Primera Guerra Mundial. Las llevaron porque los soldados, en su juventud, veían en aquella aventura la oportunidad de ver mundo y querían mostrárselo a sus familias. Se hallaron inmersos en una gran tragedia bélica, pero a su regreso a América habían demostrado que la fotografía podía ser un fenómeno de cultura popular y disfrutada por todos. Los soldados americanos de hace un siglo inventaron las *selfies* y mucho más.

El destino final del camino abierto por las cámaras de bolsillo y la película fotográfica de bajo precio y revelado rápido ha sido la popularización del *smartphone* como cámara fotográfica. Como siempre lo llevamos en el bolsillo, siempre disponemos de la posibilidad de fotografiar cualquier cosa, en cualquier lugar, en cualquier momento. Eso quiere decir que todo el mundo puede hacer fotografías pero no todos pueden ser fotógrafos. Y de hecho, quizás no aspiramos a ser un fotógrafo de gran calidad pero sí que deseamos obtener buenas fotografías; por lo menos, que sean mejores que las que nos salen.

Veamos cómo podemos empezar a mejorar el resultado de las fotos que hacemos con nuestros móviles.

## Para empezar: dominar las funciones básicas

▶ **LIMPIAR EL OBJETIVO.** Parece una tontería pero es muy importante. Solemos llevar el móvil en el bolsillo o a lo sumo en una funda, y eso supone el roce constante de la lente del objetivo fotográfico con elementos que la ensucian. Pasamos por alto este hecho porque esa lente es muy pequeña y a simple vista no la vemos sucia, pero día tras día la calidad de su captación de imágenes va disminuyendo, pues al ser la lente de tamaño menor que el de la de una cámara el impacto de la suciedad es mayor. Solución: acordarse de limpiar el objetivo a menudo, cosa que podemos hacer con líquido de limpieza de lentes que venden en las tiendas de óptica o, por mucho menor precio, comprando alcohol isopropílico en la farmacia, que rebajaremos con agua antes de frotar con él la lente. Una gamucilla de las que se usan para limpiar los anteojos servirá para darle un frote antes de tomar una foto.

▶ **AGARRAR BIEN EL MÓVIL.** Otra cosa que se da por supuesta pero que no es así. Nuestras manos tiemblan más de lo que pensamos al tomar el *smartphone* en el momento de hacer una foto. Estemos atentos a que el pulso sea firme y, al disparar, contengamos la respiración: nuestra posición será más estable. Si hemos de hacer un retrato o apuntar a un encuadre muy definido, podemos estudiar la posibilidad de usar un pequeño trípode, pues ahora existen suplementos que permiten adaptar el *smartphone* a su rótula. En caso de urgencia o si se piensa que no se va a usar mucho el trípode: adherir a la parte posterior del móvil un trozo de velcro, con el que fijarlo a una superficie disponible.

▶ **ENFOCAR A INFINITO.** Las cámaras de los móviles disponen de sensores que eligen automáticamente el enfoque adecuado a la situación. Pero a menudo se demoran unos segundos antes de hacer efectivo el disparo, y si estamos fotografiando algo en movimiento puede suceder que perdamos la foto. En esa situación, y siempre en caso de duda, enfocar a infinito porque esa opción siempre nos proporcionará la profundidad de campo adecuada y la captación de un objeto móvil.

▶ **MÁS SENCILLEZ Y CONTROL AL CAPTAR LA IMAGEN.** Los *smartphone*s vienen equipados de origen con unas prestaciones a menudo muy sofisticadas. Tanto que al usuario normal y corriente le cuesta a menudo dominarlas o por lo menos sacarles un partido razonable. Hay que volver a la simplicidad: tener claros los controles básicos de la captación de imágenes y utilizarlos a voluntad. Para ello podemos instalar la aplicación **ProCapture**, que ofrece una interfaz sencilla con los controles básicos muy identificables y asequibles. Pero también dispone de otras posibilidades que se pueden ir incorporando a las prestaciones básicas. Cuando hayamos avanzado en su uso podremos acceder a los medios más complicados, que mientras tanto no harán más que interferir en la captura de imágenes claras, estables y bien encuadradas.

▶ **INCORPORAR GRADUALMENTE LAS OPCIONES DE PERSONALIZACIÓN.** Lo primero que hay que aprender bien son las funciones básicas de la captura de imágenes: estabilización, encuadre, enfoque, equilibrio lumínico y de blancos. Luego vendrán los filtros y otras correcciones posibles. Una vez dominemos lo básico podremos acceder a otras opciones que deseemos incorporar de manera personalizada. La siguiente opción en aplicaciones con este objeto es **Camera 360 Ultimate**, que aumenta considerablemente las opciones de personalización a la hora de disparar. Y ofrece un recurso muy interesante para la estabilidad: no dispara la foto hasta que comprueba que nuestro pulso al sostener el móvil es bastante bueno, con lo que evita que salgan fotos movidas.

## Corregir y mejorar las imágenes mediante la edición

No todo es Photoshop en la vida pues hay muy diversas herramientas de edición fotográfica que permiten obtener muy buenos resultados sin tener que aprender habilidades casi profesionales. Como en el apartado anterior, lo aconsejable es empezar por aprender lo más básico en la edición fotográfica, que es corregir las irregularidades o defectos que presenta la imagen original.

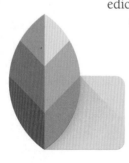

Para ello conviene empezar por utilizar la aplicación llamada **Snapseed**, considerado uno de los mejores editores de fotografías por sus capacidades de edición y su gran sencillez. Está pensado para dispositivos móviles pero es muy completo y presenta unas funciones de edición claras y asequibles.

*Todos llevamos una cámara fotográfica con nuestro smartphone pero ello no nos hace fotógrafos. Si nos interesa mejorar nuestra calidad de toma de imágenes es necesario aprender ciertas habilidades.*

Las funciones de Snapseed se basan en la edición manual y filtros al estilo Instagram. Ofrece la corrección automática de contraste, la edición por zonas y la edición completa de la fotografía, las opciones de enderezar una imagen, recortarla y cambiar el nivel de detalle. Con la edición completa podemos modificar la luminosidad, el ambiente, el contraste y el equilibrio de blancos, y para el recorte y enderezamiento de imágenes se dispone de guías y plantillas. Todo ello se opera con sólo deslizar los dedos por la pantalla del móvil, pues Snapseed funciona en el mismo *smartphone*, con lo que disponemos de la gran ventaja de poder editar la foto en el mismo *smartphone* inmediatamente después de haber sido obtenida, sin necesidad de tener que esperar a llegar a casa o a la oficina para trasladarla al ordenador y procesarla en él. Esto es especialmente importante si hacemos funciones de reportero o si hemos de suministrar con gran rapidez la foto a una tercera parte.

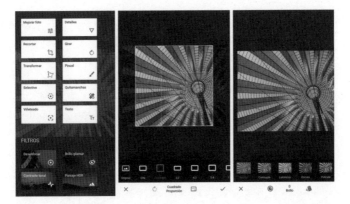

Existe también una versión móvil de Photoshop, **Adobe Photoshop Touch**, para móviles y para tabletas, que permite editar por capas, para una edición más elaborada. Y para disponer de gran número de efectos que añadir, **Pixlr Express**.

# Introducción a las técnicas fotográficas móviles

Los consejos anteriores nos han servido para situarnos en las funciones básicas de nuestro *smartphone* y de los elementos fundamentales que nos van a permitir obtener de él provecho fotográfico. Ahora tenemos que aprender las técnicas básicas de la fotografía general, adaptadas a los dispositivos móviles.

▶ **LA LUZ.** Fotografiar no es otra cosa que captar rayos de luz mediante una lente y fijar la imagen que ellos componen en un soporte permanente. De hecho, no fotografiamos objetos, personas, paisajes, sino que fotografiamos luz: la luz que esos elementos materiales reflejan y a veces emiten. Por tanto, es muy diferente fotografiar con luz natural o artificial. A diferencia de las cámaras fotográficas, los *smartphones* no disponen de los mecanismos que ellas tienen que permiten regular la cantidad de luz que fotografiamos (apertura del diafragma) y el tiempo en que lo hacemos (velocidad de obturación). Por tanto, si fotografiamos con luz de día tendremos una buena iluminación (aunque deberemos vigilar los efectos de sombras pronunciadas o el exceso de luz a mediodía) y si operamos con luz artificial deberemos observar que el objeto a fotografiar esté bien iluminado y si la luz disponible está adecuadamente dirigida hacia él. A no ser que tomemos una imagen de urgencia, es conveniente prescindir del uso del flash, pues el que llevan incorporados los móviles deja mucho que desear en calidad y además ejerce un tipo de impacto que modifica en gran manera los colores propios de los objetos.

▶ **EL ENFOQUE.** Enfocar es conseguir que el objeto a fotografiar se perciba con nitidez en la imagen que proporciona el monitor. Los móviles disponen de la función autofocus, que enfoca automáticamente el objeto; sin embargo, cuando ya se tiene un poco de práctica, es conveniente aprender a enfocar manualmente, desactivando el autofocus y comenzando así a obtener efectos de mayor relieve. Mientras no nos atrevamos a hacerlo, podemos comenzar poniendo el foco en infinito, con lo que reduciremos el margen de error.

▶ **ENCUADRES Y PLANOS.** La calidad artística de una fotografía depende, en su forma más básica, de un correcto encuadre. La elección de las dimensiones de la foto y de las proporciones y perspectiva de los elementos que la forman es la esencia del arte fotográfico. Hay que tener en cuenta: plano general, en el que aparece la totalidad de una situación (paisaje, escena con personas diversas, situación en un espacio amplio; plano medio, un detalle de la escena o una persona a la que se ve hasta la cintura; plano americano (se ve a la persona hasta por debajo de las caderas); primer plano (se ve a la persona como un busto); primerísimo plano (la cara como un retrato).

Últimamente menudean mucho los encuadres en vertical e incluso cuadrados, debido lo primero al hábito de sostener el *smartphone* en posición vertical y lo segundo, a la influencia de Instagram. Por eso hay que huir de los hábitos y seleccionar el plano adecuado a la escena que se desea mostrar.

▶ **LA EXPOSICIÓN.** Exposición es la cantidad de luz que recibimos del objeto a fotografiar. Una foto está bien expuesta cuando tiene la cantidad de luz suficiente; un exceso o una insuficiencia de luz producen efectos de mala calidad de la imagen. Aquí es necesario, mediante la función adecuada del móvil, hacer por lo menos un par de mediciones de luz, en dos puntos distintos de la imagen que encuadramos para fotografiarla, y registrar el punto medio entre ambas mediciones. También hay que vigilar el exceso de luz blanca, especialmente en la foto de interiores, porque algunos elementos lumínicos, como luces de neón o leds, pueden llegar a saturar la imagen de blancos. Este exceso, si se produce, puede ser relativamente corregido más tarde en el proceso de edición.

▶ **LA ILUMINACIÓN.** Una vez tomadas las medidas anteriores, los efectos propios de la iluminación pueden corregirse durante la edición, especialmente brillo, contraste y saturación. En ese proceso se pueden utilizar diversos filtros y efectos, pero hay que tener en cuenta que no es fácil mejorar una fotografía mal tomada de origen. Confiar en la edición posterior mientras se descuidan las condiciones en que se toma la fotografía impide conseguir calidad.

> *Compartir nuestras fotos y vídeos es una actividad social y de entretenimiento pero una mayor calidad de las imágenes que obtenemos mejora nuestro prestigio.*

## Redes para compartir imágenes

Compartir las fotografías que tomamos no solamente es útil como relación social en red sino para aprender de los demás y mejorar la calidad de las imágenes que tomamos con nuestro móvil. En las distintas redes de imágenes que existen podemos confeccionar colecciones con nuestras fotografías, compartirlas con otras personas y seguir a otras gentes que hagan lo propio para observar los resultados de lo que hacen y la manera cómo podemos mejorar nuestro nivel fotográfico aprendiendo de ellos.

Además de ofrecer un interesante medio de relación social, estas redes presentan la posibilidad nada desdeñable de mostrar en público nuestros portafolios fotográficos de modo que denoten una actividad profesional que desempeñamos, una afición, un centro de interés notable o un punto de vista e incluso una actitud frente al mundo. La fotografía no sólo es una herramienta de documentación sino un medio de expresión muy poderoso. Sin necesidad de convertirnos en fotógrafos profesionales, podemos llevar su práctica más allá de los entornos familiares o amistosos y lanzar por medio de la red nuestro mensaje y nuestra personalidad al mundo. Esto puede ser una poderosa actividad autoeducativa y de crecimiento personal.

## FLICKR

Flickr es el website de alojamiento de fotos y vídeos más popular, y el más antiguo que sobrevive de los que fueron creados a inicios del siglo XXI. Se puede publicar en él todo tipo de fotos y vídeos, que son accesibles sin que sea necesario registrarse. Sí que lo es para poder subir imágenes a Flickr, y disponer de una cuenta en él supone tener abierta una colección de las fotos y vídeos del titular abierta al público. Es muy práctica para mostrar a la gente las fotos que uno hace, dirigiéndoles a su colección. Tiene un buscador por etiquetas lo que facilita hallar imágenes por categorías temáticas. Dispone de aplicaciones móviles y es operativa desde el ordenador.

## 500PX

500px (quinientospíxels) se está convirtiendo en la alternativa a Flickr. Se presenta como una comunidad de fotógrafos y pretende ofrecer imágenes de gran calidad e interés (Flickr incluye material mucho más popular y de niveles muy diversos). Entre sus prestaciones está la posibilidad de confeccionar un portafolio propio, lo que facilita ofrecer la propia colección de fotografías a los posibles interesados, y bajo una estética y tecnología que inspiran sensación de calidad. Opera desde el ordenador y hay versiones móviles.

## INSTAGRAM

Instagram es la red social de fotografías que más se ha popularizado últimamente entre los jóvenes. Es el complemento gráfico ideal de Facebook y es utilizada no solamente, incluso no prioritariamente, por razones fotográficas sino como un gran lugar de intercambio de imágenes personales. Es decir, como un gran mercado de trueque de tarjetas postales o de cromos. El formato cuadrado que impone a las imágenes que a ella se suben y los diversos filtros disponibles le confieren una personalidad singular. Nació como aplicación móvil y ha evolucionado también para el ordenador, y su uso es más adecuado como espacio de relación social que como portafolio fotográfico. Lo que anima la conversación entre usuarios es el marcado de las fotos como «me gusta» y los comentarios que se les añaden. Permite la inclusión de vídeos, pero de no más de 15 segundos de duración.

## PINTEREST

Pinterest es una de las redes sociales de imágenes más interesantes que existen. Permite incorporar no sólo fotografías sino todo tipo de imágenes y vídeos. Pueden subirse desde el móvil o el ordenador y también importar las que se ven en las webs mientras se navega por la Red. Ordena las fotos en grupos, por «tableros» que cada usuario configura por criterios temáticos como desea, y el conjunto de ellos forma una gran colección personal. Pinterest sintetiza lo mejor de todas las redes de fotografía: muestra de imágenes favoritas, portafolio fotográfico personal, recuperaciones, recuerdos y preferencias de la Red, exposición pública de material propio, lo que incluye carteles, gráficos, portadas de revistas y libros, cualquier cosa que sea una imagen. Las posibilidades de uso son muy abiertas; hay incluso agentes comerciales o pequeñas empresas que la usan para exhibir sus productos. Cada imagen, además, puede llevar un enlace que conduzca a una web asociada donde haya más material, información o servicios relacionados. Una de las funciones más interesantes de Pinterest es que uno puede tomar imágenes de los tableros de los otros usuarios e incluirlas en los propios, y viceversa, lo que la convierte en un gran medio de relación social. La plataforma avisa por correo electrónico cuando alguien ha «pineado» una foto tuya. En versiones móviles y web. Atención a la función «Pin it», con la que se incorpora un botón a tu dispositivo con el que, al clicar en él, la foto que ves en una web se incorpora a tu Pinterest.

## Introducción al vídeo móvil: crear, producir y difundir vídeos de interés

Un *smartphone* es, además de una cámara fotográfica, una videocámara, y ello ha puesto al alcance de todos la posibilidad de ser operadores de vídeo. Pero obtener, procesar y difundir imágenes de vídeo es más complicado que hacerlo con fotografías. Todos nos hemos acostumbrado a hacer vídeos breves con nuestro móvil pero pocos son los que son capaces de expresarse con vídeos que vayan más allá de recoger momentos familiares o situaciones entre amigos o durante un viaje o excursión. Proponerse ser un videocreador aceptable es una tarea que vale la pena, y ahí están los youtubers como ejemplo. Pero ello requiere llevar a cabo labores que requieren cierto tiempo y paciencia para ser aprendidas y desarrolladas.

Trataremos a continuación de sentar las bases para que el usuario del móvil pueda transitar con comodidad de su función de fotógrafo a la de operador de vídeo. Igual que en los apartados anteriores dedicados a la fotografía, estas recomendaciones pueden parecer elementales pero son bases imprescindibles que, en su ausencia, hacen que uno se perpetúe en un amateurismo de baja calidad que le impide disfrutar plenamente de su *smartphone* en clave de vídeo.

▶ **ESTABILIZAR LA IMAGEN, A MANO Y CON TRÍPODE.** Una fotografía movida es un inconveniente superable pero un vídeo grabado con un objetivo inestable, que no para de moverse, es una tortura para quien lo mira. No se aguanta más de unos segundos la visión de un vídeo movido, y cualquier interés que pueda tener queda anulado por ese grave defecto. Es necesario aprender a grabar vídeo sosteniendo el móvil con firmeza (no con agarrotamiento) y ser capaz de moverlo y de moverse uno mismo manteniendo estable el encuadre de la imagen. Hay que practicar hasta aprender a mantener el pulso firme en circunstancias muy diversas, tanto en la inmovilidad como en el movimiento, empezando por sostener el móvil con las dos manos.

El trípode puede ser uno de los que disponen de una grapa para agarrar el móvil y unirlo a una rótula sostenida por tres patas telescópicas. El trípode es necesario para hacer entrevistas; grabar una escena a cámara fija; tomar vistas generales de paisajes, sobre todo urbanos, en los que hay movimiento de personas y de vehículos; hacer movimientos de cámara sobre la base del pivote fijo en el trípode, para captar en plano secuencia escenas panorámicas o para seguir el movimiento de un personaje.

Lo más normal es que a uno le dé pereza conseguir un trípode y fijar el móvil en él. Lo fácil es tomar imágenes de aquí y de allá, de manera desordenada, pero el resultado es casi siempre mediocre. Otra cosa es pensar qué es lo que queremos contar en imágenes y organizar la producción del vídeo que lo va a contar, aunque sea de manera sencilla.

▶ **APRENDER LOS MOVIMIENTOS DE CÁMARA.** Ya sabemos porque lo hemos leído antes en el apartado dedicado a la fotografía cómo son los planos en los que se encuadra la imagen. En el vídeo, además de planos, existen movimientos de cámara, que son los planos puestos en movimiento. No hay que abusar de ellos pero sí utilizarlos para dar más expresividad a nuestro vídeo o recoger mejor ciertas situaciones. El arte cinematográfico tiene muy bien catalogados y descritos esos movimientos pero yo voy a explicar sólo los más prácticos y a hacerlo de manera que todos los puedan entender y aplicar inmediatamente.

- ➤ **Zoom.** Acercamos la imagen de algo o alguien al objetivo de modo que ocupe un mayor espacio del plano. Lo hacemos para dar énfasis a ese objeto: alguien que tiene o tendrá un papel importante en la historia, al que señalamos así para tenerlo en cuenta; un objeto o un segmento de una escena que también es o será importante. Lo podemos hacer con el dispositivo del zoom de la cámara o moviéndola hacia el objeto; en uno u otro caso, poco a poco, porque un zoom rápido marea.

- ➤ **Barrido.** La cámara (el móvil) recorre una escena mostrándonosla de izquierda a derecha. Luego se detiene en un punto que tiene una importancia especial dentro de la historia que contamos.

- ➤ **Travelling.** Técnica para seguir un personaje en movimiento o una acción y consiste en que la cámara se desplaza enfocándolo al mismo tiempo. Para ello, en el cine se hace que la cámara discurra sobre raíles, con unas ruedas auxiliares. Nosotros podemos hacerlo usando una silla de oficina con ruedas y alguien que la empuje (las ruedas tienen que girar libremente sin atorarse y la superficie por la que ruedan debe ser lisa). Esta técnica improvisada de la silla permite más posibilidades de movimiento, pero a condición de que quien sostenga el móvil lo sujete bien y tenga buen pulso.

- ➤ **Picado.** Imagen tomada desde arriba. Hace que lo que filmamos dé la sensación de pequeñez, sumisión, debilidad.

- ➤ **Contrapicado.** Imagen tomada desde abajo. Hace que lo que filmamos dé la sensación de grandeza, control, seguridad.

Hay más posibilidades, pero con estas se puede dar mucha expresividad a las escenas que vamos a tomar en condiciones normales. Comenzar a experimentar y añadir estas formas de filmar a las que empleáis habitualmente.

> *Nuestros vídeos pueden ganar en calidad técnica, artística y documental si dedicamos tiempo y esfuerzo a ir más allá de tomar breves segundos de imágenes y aprender técnicas de grabación y edición.*

## La edición en vídeo

Un vídeo no es una serie de imágenes que hemos grabado durante unos instantes. Un vídeo es una narración, de mayor o menor duración, pero siempre una historia que te cuenta algo con imágenes. Para narrar con imágenes hay que ordenarlas para que de ese ordenamiento y proceso (edición) surja una historia.

La edición de vídeo suele incorporar sonido adicional, subtítulos o rotulación, gráficos o cualquier otro tipo de efectos. No se trata de complicar o sofisticar en exceso nuestras grabaciones sino de conseguir que las imágenes que hemos captado con el móvil se articulen entre sí para conseguir explicar lo que queremos comunicar con ellas.

Todas las prestaciones necesarias para conseguir construir una historia en imágenes nos las proporcionan los programas de edición de vídeo, disponibles en la Red.

El programa más difundido es **Movie Maker**, que viene con el sistema operativo de **Windows**.

Si no lo tienes incorporado en tu ordenador puedes descargarlo aquí:

http://windows.microsoft.com/en-us/windows/get-movie-maker-download

Con Movie Maker puedes editar perfectamente tus vídeos, incorporar sonido, hacer transiciones y efectos. Para familiarizarte con su uso, que es muy fácil, utiliza este manual básico, producido en la formación de Graduado Multimedia que ofrece la Universitat Oberta de Catalunya (UOC):

http://mosaic.uoc.edu/wp-content/uploads/Manual_Basico_de_Windows_Movie_Maker.pdf

Haz una primera lectura del texto para ver de un vistazo la estructura y funcionamiento del editor y descubrir, si no lo sabes ya, el sentido de algunos términos especializados.

Si tu ordenador es un Mac o utilizas el sistema operativo iOS debes utilizar el editor iMovie, también gratuito.

Descarga:

www.apple.com/mac/imovie/

Tutorial de iMovie:

https://manuals.info.apple.com/MANUALS/0/MA626/es_ES/
Introduccion_a_iMovie_08.pdf

Aquí hallarás una serie de videotutoriales de iMovie:

http://www.imoviehowto.com/

Ten en cuenta que en YouTube hay montones de videotutoriales en español tanto de Movie Maker como de iMovie. Lo recomendable es dar una primera lectura rápida a los tutoriales escritos para ver la estructura de la herramienta, y luego ir mirando los videotutoriales, con el tutorial escrito al lado, en el que irás haciendo anotaciones destacando y priorizando los puntos a aprender y trabajar.

## Aprender a grabar de forma organizada

La edición de los vídeos que grabamos, hecha aprovechando los recursos que ofrece el programa —a instalar en el ordenador— mejorará muchísimo nuestras realizaciones, pues pasaremos de disponer de imágenes aisladas e inconexas a vídeos compactos que expresan una historia o una situación reconocibles y con significado. La edición significará este avance pero lo que no va a hacer es mejorar la calidad de las imágenes tomadas previamente, no por lo menos hasta cierto punto. Un efecto, una transición o un filtro no van a hacer buenas unas imágenes defectuosas, movidas, mal grabadas ya de origen. Por eso es importante, al mismo tiempo que aprendemos a editar los vídeos de los que ya disponemos, a pensar cómo podemos aprender también a hacer grabaciones más ambiciosas y con mayor calidad desde el mismo momento que obtenemos las imágenes grabadas.

Obtendremos calidad para nuestras imágenes si ponemos en práctica las anteriores recomendaciones que hemos hecho referentes a planos, iluminación, movimientos de cámara, estabilización y encuadre. Pero sobre todo conseguiremos esto si somos capaces de crear vídeos de una manera más deliberada e incluso planificada. Por supuesto, siempre haremos grabaciones de cosas que nos encontremos por el camino, de momentos imprevistos, y eso es bueno, porque con ello coleccionamos imágenes que pueden ser importantes para nuestra vida. Pero conviene añadir a esto la posibilidad de hacer producciones videográficas más ambiciosas, que comuniquen más y mejor, que ofrezcan materiales que despierten interés y que nos proporcionen aprecio y prestigio por parte de quienes las ven. De entre los extensos conocimientos que existen sobre preproducción, producción y realización audiovisual os proponemos ahora que nos centremos en un modo sencillo y fácil de asimilar de preparar la producción de un vídeo.

Supongamos que queremos hacer un vídeo mejor que los que hemos hecho hasta ahora. Hay que tomar pues una decisión básica: ¿qué tipo de vídeo queremos hacer, cómo queremos que sea, está dentro de nuestras posibilidades llevarlo a cabo? Si la respuesta a estas tres preguntas es sí, hacer un diseño de preproducción nos ayudará a concretar nuestro propósito.

Un diseño de preproducción no es complicado, se trata simplemente de tener en cuenta lo que necesitamos para la grabación y las condiciones en que esta deberá realizarse. Estos son los puntos a tener en cuenta, que debemos anotar en una hoja de trabajo:

1. **Localización**

2. **Iluminación**

3. **Sonido**

4. **Tiempo**

5. **Equipo técnico**

6. **Transporte**

7. **Dinero**

8. **Lista de planos a grabar**

Para controlar todos estos asuntos hemos de hacer 11 listas, por breves que sean, en las que habremos previsto lo que será necesario durante la sesión de grabación.

## Las 8 listas que sirven para organizar y estructurar la preproducción

1. **Localización.** ¿Cuántas escenas se grabarán en interiores y cuántas en exteriores? ¿Cuáles serán unas y otras? ¿Cuáles son las fechas disponibles para las distintas localizaciones?

2. **Iluminación.** La luz disponible en las localizaciones será suficiente y adecuada? ¿O habremos de aportar luz adicional? ¿Con qué elementos? ¿Disponemos de útiles de luz artificial? ¿Podemos improvisarlos con lámparas que estén disponibles en la localización o las llevamos nosotros?

3. **Sonido.** ¿Cómo serán las condiciones de sonido en las localizaciones de grabación previstas? ¿Habrá ruido de fondo o silencio? ¿Cómo tenemos previsto contrarrestar los obstáculos?

4. **Tiempo.** ¿Cuánto tiempo habrá disponible en cada localización? ¿En qué orden iremos a grabar a esos lugares? ¿Podemos planificar ya las fechas de grabación?

5. **Equipo técnico.** ¿Qué material será necesario en total? Lista exhaustiva de todo lo necesario. Quizás un cargador para el móvil y la previsión de que haya un enchufe, o bien llevar una batería de recambio. Y un cuaderno de notas.

6. **Transporte.** ¿Con qué accederemos al punto de rodaje, con transporte público o privado? Si se utiliza transporte público, prever medio y horarios de regreso.

7. **Dinero.** ¿Nos va a costar algo hacer esa grabación? Taxi, botellas de agua (rodar da mucha sed), bocadillos o, si vamos con algún amigo o ayudantes, invitarles a algo por su cortesía en colaborar con nosotros.

8. **Lista de planos a grabar.** Esta previsión es lo fundamental de la sesión de grabación. Aunque sólo tengamos una idea general de lo que queremos hacer debemos pensar qué es lo que queremos grabar exactamente en el desplazamiento que vamos a hacer. Siempre podremos improvisar o grabar algo que surja por sorpresa, pero lo básico que deseamos debe estar pensado y escrito en el cuaderno de notas.

Quizás estas previsiones puedan parecer excesivas pero son imprescindibles para comenzar a dotar de calidad a nuestras grabaciones. Si deseamos esto no cabe la improvisación más que como reacción intuitiva e instantánea a un imprevisto o una oportunidad. Por supuesto no vamos a convertirnos de la noche a la mañana en realizadores o productores audiovisuales, pero podremos sacar un buen partido de nuestro *smartphone* si deseamos obtener con él imágenes de calidad que tengan interés para un público más o menos amplio, además de disfrutar con él grabando las cosas que nos gustan. Este tipo de organización nos va indicando un camino que luego podremos desarrollar de acuerdo con nuestras necesidades reales.

# 4

# LA VIDA COTIDIANA, MÁS FÁCIL Y CÓMODA

Servicios y recursos para solucionar pequeños problemas que causan grandes molestias

*La tecnología es para facilitar la vida y no para complicarla todavía más. Hoy día hay centenares de usos posibles que inciden en nuestra vida cotidiana para hacerla mejor.*

El *smartphone* se ha convertido en un instrumento multitarea que cada vez se parece más a las navajas suizas que incluyen las herramientas más diversas, que a veces parecen incluso pensadas para usos descabellados. Los superpoderes que el móvil incorpora al bolsillo o al bolso del usuario se basan en la multitud de usos que se le puede dar, que van cada día en aumento. Y donde esos usos llegan a alcanzar la mejor utilidad es en la vida cotidiana y las distintas situaciones que en ella se dan: un elemento que permite solucionar pequeños problemas muy diversos en breves instantes no tiene precio. El mayor atractivo que el *smartphone* tiene para la vida móvil es esa capacidad de ampliar sus prestaciones y adaptarlas a todo tipo de circunstancias que requieren la aportación de un recurso extra.

Día tras día aparecen numerosas aplicaciones para los móviles que permiten acceder a servicios cada vez más variados. El desarrollo de estos ingenios es uno de los campos emergentes en la programación informática actual, el preferido por muchos jóvenes desarrolladores que quieren abrirse paso en las industrias digitales. Y ese desarrollo incluye la orientación comercial de gran parte de las aplicaciones, con lo que el usuario se encuentra ante un panorama en el que tiene que distinguir entre los medios técnicos que le proporcionan servicios y los que buscan en él una porción de un mercado emergente. Por supuesto, el negocio no excluye forzosamente el servicio sino a menudo todo lo contrario, pero es necesario que el usuario del *smartphone* sea consciente de si está accediendo a un elemento que le va a hacer la vida más fácil o si va a entrar a formar parte de un catálogo de clientes.

La clave de ese discernimiento es la siguiente: la tecnología es para facilitar la vida y no para complicarla.

## Pagar con el móvil en tiendas, almacenes y gasolineras

### Samsung extiende a varios países el sistema de pago con smartphone

samsung.com/us/support/owners/app/samsung-pay

La tecnológica Samsung está difundiendo en un gran número de países su sistema de pago mediante el *smartphone*. La aplicación permite aligerar la cartera de tarjetas: admite hasta diez tarjetas de crédito, débito o de grandes almacenes. En España solamente se puede utilizar, de momento, con CaixaBank e ImaginBank pero enseguida se sumarán Abanca, Banco Sabadell y muchas otras entidades bancarias. El servicio es compatible con las cuatro principales redes de pago (American Express, China Unión Pay, Mastercard y Visa), cuenta con tres niveles diferentes de seguridad: identificación por huella dactilar, encriptación de los datos de la tarjeta, y la plataforma de seguridad de Samsung, Knox.

El uso del sistema es sumamente sencillo. Para efectuar un pago en cualquier comercio, los usuarios sólo tienen que deslizar el dedo hacia arriba en la pantalla del móvil y escanear su huella dactilar. Sin embargo, por ahora los únicos *smartphones* compatibles con Samsung Pay son los Galaxy S7 y la versión Edge y los tres miembros de la generación anterior de la familia (S6, S6 Edge y S6 Edge Plus). La compañía abrirá la compatibilidad con Samsung Pay también a sus próximos terminales de gama media. El sistema funciona aunque no tengamos cobertura con el móvil. Samsung ha cerrado acuerdos directos con un buen número de compañías (restaurantes, gasolineras, parkings, cadenas de tiendas, etc.) para facilitar la implantación del sistema. Mercados, Mediamarkt, Repsol, Rodilla, Cepsa, Starbucks, Vips o el Corte Inglés son sólo algunos de ellos.

## Dormir mejor y despertarse fresco

Sleep Cycle analiza el modo de dormir y selecciona el mejor ciclo de sueño

sleepcycle.com

Cuando alguien se despierta con la sensación espesa de no haber descansado lo suficiente a menudo suele ser porque no ha completado los ciclos naturales en que se desarrolla el sueño (sueño ligero, sueño profundo, fase REM). Sleep Cycle es una aplicación que, al dejar el *smartphone* en la mesilla de noche o en la cama, al ir a dormir, hace un seguimiento de los ciclos del sueño del durmiente y le suministra información de en qué horarios se cumplen. Y entonces selecciona la mejor hora para despertarse habiendo completado los ciclos: la sensación es entonces haber tenido un sueño reparador.

## Microbús a la carta para ir a donde quieras

Shotl agrupa pasajeros que desean hacer el mismo recorrido urbano

es.shotl.com

Entre llamar un taxi y salir a buscar el bus hay una tercera opción: introducir en Shotl el trayecto que te propones recorrer. En pocos minutos la aplicación agrupa las propuestas idénticas y fleta un microbús que va recogiendo a todos los pasajeros y les va trasladando progresivamen-

te a sus respectivos destinos. El tiempo medio de espera es de 5 minutos
y se recibe un mensaje indicando el momento exacto de la recogida. En
funcionamiento en muchas ciudades de España, Europa y América. El
viaje cuesta 4 €.

## ¿Cómo resuelvo mi duda?

Flotsm, una fuente de miles de experiencias sobre muy
diversos temas para ver qué decisiones tomaron otros

flotsm.com

Cuando a uno le cuesta tomar una decisión suele recurrir a la opinión
de expertos o a amigos en cuyo criterio confía. Pero como diez mil ojos
ven más que dos, Flotsm es una aplicación que acumula conocimiento
sobre muy diversos temas, aportado por todos los usuarios. Cuando
uno desea información o criterio sobre algún asunto, escoge el filtro
temático adecuado y halla las experiencias de muchas otras personas
que se han encontrado ante un interrogante parecido. Flotsm no toma
la opción por ti, obviamente, pero aporta mucha información valiosa
surgida de las vidas de mucha gente.

## Todo el mercado de divisas en directo

Información sobre las fluctuaciones de las monedas para
orientar inversiones

about.fxstreet.com/mobile

FxStreet es un portal de información sobre las divisas en los mercados
internacionales, que ahora lanza una aplicación móvil que permite estar
al corriente, instante a instante, de las fluctuaciones en ese mercado. La
información es útil para los inversionistas además de para quienes quieren introducirse en esas transacciones o lo han hecho ya. La información es gratis pero FxStreet vende productos específicos a los brokers y
a sus suscriptores Premium. Ofrece noticias continuas, un calendario
económico avanzado y el estado de la paridad entre monedas, con la
posibilidad de utilizar filtros de la moneda escogida.

## ¿Y esto cómo se come?

Un servicio de traducción instantánea del menú del restaurante en cualquier idioma

en.check-eat.com

Anda uno de viaje por un país extranjero, entra en un restaurante y se sienta a la mesa…, y no entiende nada de lo que dice el menú o la carta. Comienza entonces el tira y afloja con el camarero, ambos tratando hacerse entender, a lo mejor con la ayuda de fotos o un vistazo rápido a la cocina. Check-eat es una iniciativa que permite disponer de la traducción inmediata de la carta de platos con sólo chequear el código QR impreso en ella. Para que ello sea posible, el restaurante debe estar suscrito a Check-eat por una cuota mensual muy pequeña, pero el servicio que ofrece al cliente es grande: fuera problemas de idioma y mucha información, dietética y gastronómica, sobre su oferta alimenticia.

## Habitación de hotel por horas, tu oficina provisional

Usar un hotel durante el día a precio reducido para disponer de un lugar de trabajo o de descanso en cualquier lugar

dayuse.es

Una habitación de hotel no sólo sirve para pasar la noche o realizar una estancia de varios días. Cada vez se extiende más el empleo de las habitaciones hoteleras por horas, no tanto para acudir en pareja para disfrutar discretamente de una relación sino como un recurso más de la vida profesional. Muchos tipos de profesionales suelen alquilar habitaciones por horas, para realizar entrevistas de trabajo, sesiones fotográficas o como punto de encuentro neutral para celebrar reuniones. Puede darse incluso el uso individual de una habitación por horas, por ejemplo cuando tenemos dos reuniones sucesivas en lugares distintos, separadas por algunas horas, a modo de descanso sin interrupciones en una privacidad que permite ordenar las notas de la reunión realizada y preparar con serenidad la reunión siguiente. Conviene tener presente este recurso, a menudo desconocido o descuidado, porque a menudo pensamos solamente en las cafeterías cuando necesitamos un recurso semejante.

Dayuse es una de las aplicaciones más extendidas y que ofrece mejores prestaciones y descuentos (hasta un 75 por ciento de la tarifa por pernoctación) y permite hacer reservas sin tarjeta de crédito. Sólo hay que hacer una precontratación de la habitación a través de su app, seleccionando la cantidad de horas que se desea y la hora de llegada. Permite anular la reserva gratuitamente y hasta el último minuto.

## Comparar precios para comprar mejor

Encuentra la mejor oferta del producto que buscas

radarprice.com

Radarprice es una aplicación que compara los precios del producto que uno busca entre los de las tiendas más cercanas que ofrecen y nos muestra las mejores ofertas disponibles. Solamente hay que escanear con el *smartphone* el código de barras del producto. Cualquier tienda puede añadir su catálogo a la plataforma de manera gratuita.

## Que no te roben la moto y el coche

Atlantis, sistema de aviso y control del propio vehículo a distancia

atlantis-technology.com

Si alguien intenta robar tu automóvil o motocicleta, un nuevo sistema de geolocalización te avisa al instante y dispara una alarma. Mediante un pequeño dispositivo instalado en el vehículo conectado por GPS al *smartphone*, el conductor puede tenerlo localizado en todo momento, hacer sonar la alarma a distancia, encender y apagar las luces, tener información del estado de la batería o del combustible y pedir ayuda en caso de accidente.

## Comprar ropa al niño por Internet sin equivocarte

Kidsize siempre escoge la talla correcta

kidsizesolution.com

Cada vez hay más gente que compra ropa por Internet pero cuando se trata de los niños muchas personas se abstienen de hacerlo: es difícil acertar la talla, no tanto por las medidas especificadas por la tienda como porque estas no siempre se ajustan a la realidad de los cuerpos infantiles. Kidsize es un proyecto que permite escoger la talla correcta para la talla de un niño a partir de fotografías que le hayamos hecho previamente. Los comercios en línea que han suscrito el proyecto Kidsize tienen previsto que, mediante esta aplicación, el sistema opere con las medidas exactas del cuerpo del destinatario final del vestido.

El proyecto Kidsize, impulsado por el Instituto de Biomecánica de Valencia, cuenta con el aval de la Comisión Europea y de numerosas asociaciones de empresarios y comerciantes del sector de diversos países de Europa.

## Pagar en el restaurante con el móvil

Basta con escanear el código QR que aparece en la factura para efectuar un pago seguro con datos encriptados

**zapper.com**

Zapper es una plataforma de pago *online* de forma segura a través del móvil. En los restaurantes que colaboran con ella cuando el cliente recibe la cuenta no tiene más que escanear el código QR que figura en ella y aceptar el pago. Poco después el usuario recibirá una notificación del pago y el local también recibirá la misma. Los datos de la tarjeta de crédito quedan encriptados de forma segura únicamente en el móvil del usuario. Se puede establecer un código de seguridad en los pagos. Si se trata de un grupo de comensales en el que cada cual desea pagar lo suyo, Zapper permite hacer directamente la división de la cuenta y además dejar algo de propina sin tener que sacar la calculadora ni que nadie se equivoque.

## Llega siempre a tiempo evitando los atascos

Waze calcula el estado del tráfico y planifica la mejor ruta con tiempo suficiente

**waze.com**

Waze es una aplicación que analiza con antelación incluso de días, la ruta óptima para una cita dada, considerando factores como la intensidad de tráfico o cualquier otro elemento que pueda afectar al tiempo de llegada. Waze nos alerta en el momento en el que se deba partir, y esta hora de salida variará lógicamente si hay un atasco o cualquier otra incidencia.

Waze permite de esta manera planificar los viajes con antelación de días y así despreocuparse de la hora de salida, ya que será la

propia aplicación la que alerte mediante una notificación en el móvil del momento adecuado para salir. La app analiza también, contando con el previo permiso del usuario, la agenda del móvil e incluso su perfil en Facebook, de donde obtiene las siguientes reuniones o citas. Si en la agenda hemos sido meticulosos registrando la dirección donde se celebrará la reunión, la aplicación la incorporará a sus registros y nos alertará también del momento de ponerse en ruta.

## Compartir piso con la persona adecuada

### Badi, contacto sin intermediarios

**badiapp.com**

Badi es una aplicación que hace que una persona interesada en compartir su piso entre en contacto con posibles candidatos y conozca sus respectivos perfiles para poder estudiar cuál de ellos es la persona más apropiada. En ese intercambio de información no hay agencias de por medio y se conoce a los aspirantes a ocupar una habitación de tu vivienda a través del *chat* y del perfil personal (gustos, amigos en común, características principales). El funcionamiento es muy rápido y las habitaciones ofrecidas se renuevan diariamente.

## Seguridad para la familia fuera de casa

Un localizador para saber dónde andan los hijos

life360.com

Esta aplicación permite a los padres, a través del GPS del móvil, saber en todo momento dónde está cada uno de sus hijos. Si la familia ha salido de viaje y se ha dispersado por la ciudad que se visita permite establecer un punto de reunión. También dispone de un *botón antipánico* que, al pulsarse, envía mensajes a toda la familia o a los servicios de emergencia, en función de cómo se haya configurado. Es un eficaz sustituto del uso de las clásicas llamadas por megafonía en playas o centros comerciales en busca de los padres del hijo perdido.

# 5

# SOY TODO OÍDOS: EL SONIDO DEL *SMARTPHONE*

## Música, actualidad y entretenimiento, pero también grabación de archivos sonoros

> *Que las grandes posibilidades de la imagen no oculten las enormes prestaciones del sonido: el mundo del audio proporciona diversión y expresión a la vez.*

Los más viejos del lugar recordarán la emoción que nos produjo a todos los amantes de la música que además nos gusta la tecnología cuando Sony lanzó el Walkman, aquel reproductor de cintas de casete miniaturizado y portátil, que permitía llevar tu música grabada a todas partes. El Walkman fue contemporáneo de la moda del *jogging* y la imagen del corredor aficionado trotando en chándal que iba escuchando música en privado mientras practicaba deporte en los espacios públicos llegó a ser una premonición de la actual vida móvil. Hoy el *smartphone* concentra en una sola pieza gran número de posibilidades relacionadas con las actividades cotidianas y la música es una de ellas. Pero no sólo la música sino todo lo relacionado con el sonido: escuchar la radio, selecciones personales de músicas diversas, noticias, podcasts y grabaciones de todo tipo. Y además la posibilidad de utilizarlo como grabadora con propósitos tan ilimitados como la propia imaginación permita. El móvil ha absorbido a los reproductores mp3 y a las grabadoras de bolsillo, y estoy convencido de que en un futuro próximo nos dará nuevas sorpresas no sólo en cuanto a la calidad del sonido reproducido y grabado como por lo que respecta a sus posibilidades de utilización activa.

## La música en streaming, líder del sonido móvil

Las plataformas de servicios de música en línea (*streaming*) se han impuesto como la principal forma de consumo de música, con un crecimiento incesante que en 2015 fue del 45,2 por ciento en todo el mundo. Ofrecen millones de canciones de todos los estilos y artistas, listas de audición (playlists) y novedades cada semana o cada día. Tienen la posibilidad de ser usadas de modo gratuito o con cuentas premium, que eliminan las inserciones de publicidad de las audiciones.

### SPOTIFY
spotify.com

Spotify es la plataforma de música en línea que se ha impuesto en todo el mundo. Ofrece novedades cada lunes, listas pregrabadas diseñadas para que se correspondan con el estado de ánimo del usuario, y la posibilidad de que uno mismo configure las suyas. Hay servicio gratuito y premium por 9,99 € al mes. Es posible encontrar allí toda, o casi toda la música. Puede utilizarse en todos los dispositivos, móviles o fijos, e incluso en el automóvil. La cuenta de Spotify se puede integrar con las de Facebook y Twitter para que su sistema configure las propuestas de preferencias y listas pregrabadas a los gustos del usuario.

### APPLE MUSIC
apple.com/music

La plataforma musical de Apple (empresa creadora del iPhone) se presenta como la mayor colección de música del mundo y probablemente lo es. Su servicio principal consiste en ayudar al usuario a que tenga reunida toda su música en un solo lugar y en un equipo humano que selecciona nuevos títulos que añadir a la colección basados en sus preferencias. Tiene también un canal de radio para la música en *streaming*. No ofrece servicio gratuito y la cuota es de 9,99 € al mes.

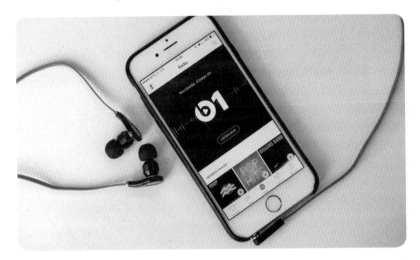

## GOOGLE PLAY MUSIC
**play.google.com/music**

La división musical de Google pretende ser, como la de Apple, el repositorio principal de música del usuario, y ofrece para ello algunas posibilidades más diversificadas. Permite cargar a la cuenta personal canciones seleccionadas por el usuario (hasta 50.000), escucharlas en dispositivos móviles tanto con Android como con iOS, además de en el ordenador, y recibir recomendaciones personalizadas (todo ello en la cuenta gratuita). La modalidad de pago da acceso a 35 millones de canciones bajo demanda, listas prediseñadas de acuerdo con preferencias o estados de ánimo, cargar un número ilimitado de canciones y descargar la música para escucharla fuera de línea. La cuota mensual de la versión de pago es también de 9,99 €.

## TIDAL
tidal.com

Tidal planta cara a las tres grandes plataformas mencionadas anteriormente ofreciendo un servicio de música de mucha mayor calidad técnica y fidelidad sonora. Esta plataforma quiere ser el hi-fi de la música en *streaming* y dispone de 25 millones de canciones y 85.000 vídeos musicales. La versión premium cuesta 9,99 € al mes y la versión en alta fidelidad, 19,99 €.

## YOUTUBE
youtube.com

YouTube es la primera red social audiovisual del mundo, de modo que aunque no sea una plataforma de servicios de música en sentido estricto, incluye un enorme monto de vídeos musicales, a menudo agrupados en listas de audición. El uso más apropiado que puede hacerse de YouTube en este sentido es emplearla como un servicio de «discos solicitados», buscando un artista, una canción o un concierto que muy probablemente se encontrará disponible. Uno puede acceder desde su móvil a casi cualquier tema musical bajo demanda y de manera gratuita, obviando las imágenes y escuchando la música. Con ello el usuario se ahorra las tarifas de suscripción de las plataformas convencionales y puede acceder en todo momento a la música deseada. La posibilidad de confeccionar uno mismo diversas listas preprogramadas a su gusto hace el resto.

## El móvil como grabadora de audio

El uso del *smartphone* como grabadora de audio ofrece numerosísimas posibilidades, según las cuestiones que sean de interés del usuario, su perfil profesional o sus actividades más diversas. El uso mayoritario del móvil para escuchar música ha llegado a ensombrecer esta prestación técnica, que sin embargo puede enriquecer mucho sus prestaciones. Ciertamente, una grabadora de calidad provista de un micrófono direccional ofrece unos niveles de fidelidad en la captación de sonido y de calidad en la reproducción que no pueden ser igualadas por un *smartphone*, pero esas prestaciones suelen ser requeridas únicamente por personas que se dediquen a actividades como la grabación de sonidos de la naturaleza o cantos de aves, entre los naturalistas, o la grabación de música en directo, materiales de audio con destino a bandas sonoras videográficas o cinematográficas, o incluso actividades creativas basadas en la edición de audio. El resto de los usuarios podemos hallar en nuestro teléfono móvil una grabadora muy aceptable si somos capaces de darle el uso adecuado.

> *La grabadora del móvil puede ser un centro de influencia en la Red y un medio de expresión personal gracias al podcasting.*

La primera cuestión a considerar es si vamos a grabar audio con el móvil usando la aplicación que viene de fábrica y está inmediatamente disponible, o bien si vamos a utilizar un micrófono externo y una aplicación de audio suplementaria.

Deberemos utilizar un micrófono externo si deseamos evitar recoger el sonido ambiente y obtener una mayor fidelidad en la grabación, generalmente de voces individuales o de un grupo de personas. Es recomendable que ese micro sea «de corbata», es decir de los que se pueden fijar con una pequeña pinza en el vestido de la persona a grabar, cerca de su rostro. Lo importante a la hora de escoger este tipo de micro es que se conecte al móvil mediante una conexión micro USB puesto que eso ofrece mejores prestaciones de grabación.

En ese caso es muy conveniente buscar en el mercado de aplicaciones una que se ajuste a nuestras necesidades, sobre todo para regular a través de ella los niveles de sonido y disponer de filtros u otras prestaciones semejantes. Usar una aplicación de audio suplementaria es conveniente incluso si no utilizamos micrófono externo y empleamos el que viene integrado en el móvil, puesto que esa posibilidad de control de la grabación nos permitirá mejorar su calidad en todo caso.

Entre las aplicaciones de audio para grabar son recomendables las siguientes:

▶ **PARA ANDROID:**

- ➤ Easy Voice Recorder Pro
- ➤ RecForge Pro
- ➤ Hi-Q mp3 Voice Recorder
- ➤ Smart Voice Recorder
- ➤ Voice Pro

▶ **PARA iOS:**

- ➤ Audio Memos
- ➤ Recorder Plus
- ➤ Quick Record

## Los podcasts y la radio en línea, un valioso recurso a recuperar

Los podcasts llegaron a estar muy de moda casi al mismo tiempo que se produjo el *boom* de los blogs pero últimamente parecen haber caído en desuso. Muchas personas prefieren los vídeos, y el gran éxito de YouTube y de los youtubers ha contribuido a ello: de hecho, lo que hacen los youtubers no dejan de ser… podcasts audiovisuales.

Pero los podcasts de audio ofrecen una gran ventaja: pueden ser escuchados al mismo tiempo que atendemos otras tareas más rutinarias o mecánicas. La gran mayoría de emisoras de radio que operan en Internet ofrecen la descarga de sus programas en podcast, o por lo menos fragmentos de ellos, a modo de servicio de radio a la carta.

Escuchar radio en directo, en *streaming*, vía Internet, convierte el *smartphone* en un receptor de radio abierto a todas las posibilidades internacionales. La radio en línea hace que este poderoso medio de comunicación supere las limitaciones territoriales motivadas por el alcance de las ondas hertzianas y permite que cualquier emisora pueda ser escuchada en cualquier parte del mundo. Las emisoras más potentes disponen de aplicaciones móviles para acceder a sus servicios.

Como existen cientos de emisoras en los países de habla hispana escapa al propósito de este libro hacer recomendaciones al respecto que pueden resultar inválidas según el lugar de residencia del lector. Pero puede comenzarse por consultar el siguiente portal si se desea descubrir la posibilidad que ofrece la radio móvil en español: **guía-radio.com**. Otra guía interesante: **logratis.info/medios/radios.asp**.

Por lo que respecta a los podcasts, este autor quisiera verlos renacer, aunque no hayan desaparecido y lo que sucede es que no están de moda. Encontramos entre la gran oferta de podcasts disponibles una gran variedad de temas entre los que pueden hallarse nuestros centros de interés personal. Descargar o escuchar podcasts en línea hace de nuestro *smartphone* un poderoso centro de acceso a la información además de un medio de entretenimiento auditivo. Son especialmente recomendables los podcasts de aprendizaje de idiomas, actualidad y noticias, divulgación científica o cultural, comentarios deportivos, viajes y turismo; la posibilidad temática es muy extensa.

Encontraremos la mayoría de podcasts en español en la plataforma **ivoox.com**, que dispone de aplicaciones móviles para Android e iOS. Ivoox nos permite subir a ella los podcasts que nosotros podemos producir y grabar, con la posibilidad de obtener monetización si consiguen una difusión importante.

Estos son cinco ejemplos de podcasts temáticos de entre los que han sido considerados los mejores de los últimos meses. Con ellos se puede descubrir de qué va el podcast y pensar si puede ser interesante para nosotros. Se encuentran entrando en **ivoox.com** e introduciendo el título en el buscador.

▶ **6 MINUTE ENGLISH.** Uno de los mejores podcasts en español para aprender y mejorar nuestro inglés de forma amena y sencilla, producido por BBC Learning English.

▌ **ACENTO ROBINSON.** El podcast oficial de Michael Robinson, con todo tipo de historias del deporte y los deportistas.

▌ **GAME OVER.** Podcast satírico sobre videojuegos con información sobre el mundo de los videojuegos en clave de humor y muchas risas.

▌ **NÓMADAS.** Podcast sobre turismo de Radio Nacional de España, con todo lo concerniente a prácticamente cualquier lugar del mundo.

▌ **ENGADGET.** Tecnología, informática e Internet en uno de los podcasts más recomendables sobre estas especializaciones.

Los emisores de podcasts suelen ofrecer la suscripción a sus novedades de modo que cuando hemos identificado una línea de podcasts que nos interesa recibimos puntualmente las actualizaciones y novedades.

## La grabación de audio como organizador personal y ayuda a la creatividad

Los hispanos somos por lo general unos grandes improvisadores. Resolvemos cualquier problema a salto de mata y nos fiamos de nuestra memoria… excesivamente. He observado en gente muy diversa y en circunstancias muy variadas la renuencia a utilizar libretas de notas de manera regular si no es que ello viene obligado por el desempeño profesional, y aun así existe la tendencia a obviar un medio de ayuda y organización tan sencillo y eficaz como un bloc. Personalmente yo no voy a ninguna parte sin una pequeña libreta de notas en el bolsillo, acompañada de un bolígrafo (ambos objetos juntos siempre). Y eso que tengo una memoria de elefante, pero también un convencimiento: la palabra escrita o hablada es mucho más poderosa que la pensada. «Las palabras vuelan pero lo escrito permanece», reza un dicho clásico. Lo que ponemos por escrito o decimos en voz alta ante una grabadora no solamente ofrece la posibilidad de ser recuperado y consultado posteriormente: hace que las ideas o datos que expresemos de forma explícita entren en un proceso interno de elaboración mental inconsciente que favorece la creatividad, la asociación de ideas y la facultad de desarrollar actividades como consecuencia no sólo de lo pensado sino de lo pronunciado.

La grabadora del *smartphone* es el sustituto ideal para el bloc de notas de bolsillo, y puede llegar a tener aplicaciones muy prácticas. De entrada, nos ahorra la tarea de tomar notas a mano y nos quita toda excusa posible que tengamos para registrar ideas, datos, informaciones prácticas o intuiciones de proyectos o actividades: sólo tenemos que agarrar el móvil, darle al icono de grabación y hablar. Tomar notas de voz debería convertirse en un hábito cotidiano; debiera ser normal sacar el móvil del bolsillo para grabar una nota en unos breves segundos. De hecho, si echamos mano del móvil tan a menudo como para leer mensajes o whatsapps, ¿cómo no vamos a hacerlo para mejorar nuestra organización e inspiración? No tenemos disculpa si no aprovechamos esta gran posibilidad, pero hemos de ser conscientes de qué ganamos con ella.

> **Grabar nuestras ideas, proyectos y actividades es una forma de potenciar la creatividad y de llevar a la realidad las cosas que imaginamos.**

Veamos algunos usos posibles, sencillos pero de gran eficiencia:

▶ Antes de terminar la jornada o al finalizar un día, grabar la agenda de actividades prevista para el día siguiente, que escucharemos a primera hora de la mañana para poder organizarnos bien.

▶ Tomar notas de cosas a hacer de manera esporádica, tal como surgen, para luego llevarlas por escrito a la agenda.

▶ No dejar pasar la ocasión de retener un dato de interés. Si paseamos por la calle y vemos en una tienda un objeto que nos interesa, grabamos el nombre, el precio y el lugar donde lo hemos visto, porque es probable que nos olvidemos de esto último.

▶ Grabar cualquier idea que a uno le pase por la cabeza y que parezca ser creativa. Sin esperar a que aparezca una idea genial, grabar cualquier intuición o pensamiento que pueda ser aprovechable, por vago o desordenado que sea. Más tarde, cuando tengamos algunas ideas como estas grabadas, las escuchamos todas de manera sucesiva, con papel y lápiz en la mano: es muy probable que de esa escucha en plan asociación de ideas pueda surgir algo que sí sea significativo.

▶ Tomar notas de voz mientras conversamos con otra persona, para recoger y subrayar lo más importante. Por supuesto, para poder hacerlo debemos tener permiso del interlocutor. Es sorprendente el modo como olvidamos muchas de las cosas de las que hablamos con alguien poco después de finalizada la conversación. Mientras dialogamos nos sentimos muy interesados por las cosas que descubrimos, pero cuando pasa cierto tiempo el recuerdo pierde brillantez.

▶ Una forma más elaborada de hacer lo anterior es entrevistar a personas que nos interesan por sus conocimientos y experiencias, para aprender de ellos. No solamente entrevistan los periodistas, lo hacen los antropólogos, los etnógrafos, los sociólogos y todo tipo de investigadores sociales. Es increíble la cantidad de cosas que podemos aprender de los expertos que tenemos a mano. No es necesario que planteemos una entrevista formal, de estilo periodístico, basta con hacer las preguntas que nos parezcan interesantes para aprender lo que deseamos de la persona entrevistada. A todas las personas que les apasiona su actividad les encanta que les pregunten sobre ella, de modo que entrevistar a expertos o gente interesante es mucho más fácil de lo que parece.

Hay que tener en cuenta que muchas de las actividades que acabo de proponer precisan que una vez realizada la grabación se tomen notas de lo más relevante o útil. Pero a veces eso no es ni siquiera necesario: el simple hecho de centrarnos en grabar lo que nos interesa hace que nuestra mente funcione de modo más retentivo y que incorporemos con más facilidad las ideas o datos que hemos grabado. Vale la pena entrenarse en estas habilidades e incorporarlas a las rutinas cotidianas: os sorprenderá lo fructífero que ello puede llegar a ser.

Un consejo práctico a tener en cuenta. Si vamos a efectuar varias grabaciones seguidas, y sobre todo si hemos de entrevistar a alguien o grabar una conversación, es bueno llevar en el bolsillo una batería de recambio para el móvil, no sea que nos quedemos sin energía a la mitad de la labor o que la agotemos en ella y luego no podamos llamar por teléfono.

# 6

# EL SUPERCOMUNICADOR MÓVIL

Podemos convertirnos en un centro móvil de emisión de información compartiendo en la Red nuestras experiencias

> *No hace falta ser periodista para comunicar. Compartir información interesante aumenta nuestro prestigio personal y puede hacerse de formas muy diversas y creativas.*

La presencia en plataformas de mensajería como WhatsApp o redes sociales como Facebook y Twitter es un elemento importante para hacerse presente en el medio social más cercano, la zona de relaciones en la que los familiares y los amigos se solapan entre sí. Pero cabe preguntarse si a esa presencia deseamos añadir una capacidad de influencia social más amplia. No se trata de que nos convirtamos en periodistas de la noche a la mañana: un instrumento de comunicación digital no hace de nadie un periodista del mismo modo que una máquina de escribir o un procesador de textos no convierte a nadie en escritor. Pero hay muchas personas que sienten la necesidad de expresar sus ideas y compartir sus experiencias, y hacerlas llegar a ámbitos alejados de su vida cotidiana. Si las cosas que cuentan tienen interés y sentido, es probable que las personas así motivadas se conviertan con el tiempo en influenciadores y prescriptores, o por lo menos en alguien cuyo criterio es digno de ser tenido en cuenta.

Todo esto representa una gratificación considerable cuyo principal valor es hacer crecer a su protagonista, mejorar su capacidad de relación y comunicación social, además de proporcionarle un medio de aprendizaje que podríamos considerar involuntario. Los educadores están valorando mucho el llamado *learning by doing* o aprender haciendo: extraer de la experiencia práctica elementos de aprendizaje que resultan educativos y contribuyen al crecimiento y la mejora personal. El uso de las distintas plataformas comunicativas digitales puede ser un instrumento excelente para conseguir hacer esto realidad.

Veremos a continuación a qué plataformas de este tipo podemos acceder con nuestro *smartphone* y cómo podemos aprovechar en clave móvil la posibilidad que ofrecen de convertirnos en supercomunicadores móviles con capacidad de influencia.

## Retransmitir en directo acontecimientos en los que se está presente o que uno mismo genera

Un usuario móvil de la Red consigue hacerse notar y ganar influencia en la medida que proporciona a sus seguidores contenidos de calidad, temas de interés, motivos diferentes y regularidad en la difusión. El supercomunicador móvil va más allá de colocar posts en Facebook o emitir tuits de vez en cuando, y trata de sorprender introduciendo maneras novedosas de comunicar, que aporten valor añadido y que ofrezcan tanto ingredientes de interés en los contenidos como entretenimiento en su consumo.

Una de las maneras novedosas con las que se puede sorprender a la audiencia es hacer retransmisiones en directo. No es necesario ser periodista para hacer esto, lo que hace falta es tener sentido de lo que puede ser interesante, tener dinamismo para estar presente en los lugares en los que sucede algo y capacidad de comunicación personal e improvisación para construir un relato en directo de la realidad tal como esta se va desarrollando.

> *Podemos retransmitir acontecimientos con Twitter, Periscope o Facebook, lo que nos convierte en un punto de información móvil e influyente.*

No sólo son interesantes las retransmisiones de acontecimientos a los que uno puede asistir, también lo pueden ser situaciones producidas por el propio usuario móvil: entrevistar a algún experto o persona de interés que se tiene a mano, hacer un pequeño reportaje sobre el propio entorno del barrio para mostrar estampas de la vida cotidiana, hacer divulgación de algo que se ha descubierto... Las posibilidades sólo están limitadas por la imaginación.

Hay dos herramientas ideales para hacer este tipo de retransmisiones: Periscope y Twitter, cada una en su género y las dos dotadas de gran dinamismo y poder de impacto.

## Periscope, una plataforma visual interactiva que permite emitir vídeo en directo

Se ha puesto de moda últimamente y su difusión no deja de crecer: 200 millones de vídeos producidos en un año. Gran parte de su fama en el mundo hispano se la debe al futbolista del FC Barcelona Gerard Piqué, que la ha usado para reportear sobre lo que sucede en el vestuario del club y el entorno de su equipo. Periscope es la plataforma de difusión y la red social ideal para la gente curiosa pero que tiene un enorme potencial para distribuir información audiovisual en directo. Se la podría describir como una mezcla de Twitter en vídeo y YouTube interactivo: consiste en retransmitir vídeo en directo desde el lugar en el que te encuentras con la posibilidad además de dialogar mediante mensajes de texto con quienes se conecten a la emisión.

Operar con Periscope es muy fácil y no tiene ninguna dificultad técnica. Es lo que podríamos calificar de un Twitter audiovisual. Con Periscope te conviertes en una televisión personal móvil con total incidencia en directo. Y puedes conseguir seguidores fijos porque las personas interesadas pueden suscribirse a tus emisiones (y tú puedes hacerlo a las de la gente que deseas seguir). Tiene apps para Android e iOS y lo puedes ver en **periscope.tv**.

## Retransmitir vía Twitter con una serie de mensajes sucesivos estructurados como un relato

A Twitter no se le saca todo el partido que esta red puede proporcionar. Una de las mejores maneras de utilizarla para influir es hacer retransmisiones mediante tuits sucesivos. Gracias al móvil y con la incorporación de la app de Twitter, el usuario puede conectar a su lista de seguidores en esta plataforma con acontecimientos que se estén desarrollando en directo. Pero en este caso el supercomunicador móvil tiene que afinar más sus capacidades comunicativas: así como Periscope es una cámara que emite en directo y la habilidad del operador reside en su sentido de la oportunidad a la hora de ir en busca de las situaciones y captarlas en imágenes, Twitter empleado para una retransmisión requiere dominar la expresividad en la escritura y ser capaz de concentrar en 140 caracteres una información inmediata que dé cuenta de lo que está sucediendo.

Una retransmisión por Twitter consiste en la emisión sucesiva de diversos tuits, los cuales uno tras otro van explicando lo que sucede y en su conjunto constituyen un relato fragmentado del acontecimiento. La habilidad en esta acción reside en saber describir bien lo que sucede y mantener la atención del público que nos sigue haciendo que cada uno de los tuits contenga información fiel a los hechos y que esté relatada con precisión, dinamismo y si es posible, cierto ingenio.

Para que una retransmisión mediante Twitter tenga éxito es necesario tener presentes las siguientes acciones:

▎ Anunciar con antelación suficiente que se va a efectuar la retransmisión: día y hora, y el tema que será objeto de cobertura. Este anuncio se hace por Twitter pero también por Facebook, otras redes disponibles y por grupos de WhatsApp. Es conveniente hacer el primer aviso el día anterior —no antes, la gente se olvida— y el mismo día algunas horas antes del inicio; tres o cuatro avisos serían suficientes. El último aviso, cinco minutos antes de empezar a transmitir.

‣ Prever una emisión regular de tuits, según la naturaleza del acontecimiento retransmitido y sus circunstancias. No dejar pasar demasiado tiempo entre un tuit y el siguiente pero tampoco apabullar al receptor. La cantidad y frecuencia de los tuits depende de las circunstancias y de la naturaleza del acto; no es lo mismo tuitear una conferencia que un evento deportivo.

‣ Tener en cuenta la situación física del supercomunicador móvil en el seno del acontecimiento. Saber si se será capaz de teclear los tuits en el *smartphone* según se esté de pie, sentado, con mayor o menor iluminación, entre una masa de gente que puede dificultar el tecleo o en un vehículo cuyo movimiento puede hacer inestable la situación.

‣ Si es posible, preparar el tema de antemano para no perder tiempo en descubrir asuntos que se desconocen o en dudas que deben resolverse inmediatamente.

‣ El primer tuit debe avisar de que la retransmisión comienza ya. El segundo, informar de manera general de lo que está previsto que suceda o ha empezado a suceder.

‣ No dar por sentado que el receptor conoce el tema del que se va a informar. Hay que dar toda la información posible para que se pueda situar en el asunto. No dar nada por sentado y proporcionar información siempre.

‣ Si hay declaraciones o personajes que hablan, fijarse en las frases más significativas y resumirlas en un tuit sin que pierdan sentido.

‣ Observar si hay circunstancias alrededor del acto que merezcan que se informe de ellas (una intervención imprevista, la aparición de un nuevo personaje, incidencias o dificultades).

‣ No hace falta ser exhaustivo y así apabullar al receptor, pero tampoco dejarse en el tintero nada importante y significativo.

🔰 Poner fin a la retransmisión con un tuit que así lo indique y
agradecer siempre la atención de los seguidores.

## Hay que contar con Facebook en la supercomunicación móvil

El uso móvil de Facebook tiene que ser también contemplado aunque
su interfaz y la mayor extensión de sus contenidos que la de Twitter le
ponen en desventaja respecto a esta plataforma por lo que se refiere a su
empleo en el *smartphone*. En Facebook tenemos a una gran mayoría de
nuestros amigos y relaciones que quizás no se han animado a estar en
Twitter y con quienes hemos de contar como público natural para la
difusión de nuestro material generado en marcha. Usaremos pues Facebook para avisar de las retransmisiones que haremos en Twitter, de los
posts que difundimos en la versión móvil de nuestro blog y de toda
actividad de comunicación en línea que realicemos en clave móvil.

A tener en cuenta además la mensajería en Messenger que Facebook
lleva incorporada y que nos permite contactar inmediatamente con los
amigos que tenemos en esta red. Su empleo en entornos móviles es va-
liosísimo porque, WhatsApp aparte, es un medio muy rápido de man-
tenerse en contacto, realizar avisos y solicitar información o ayuda.

La clave, una vez más, es mantener una presencia regular en Facebook sobre todo en su versión y uso móvil, de modo que nuestros seguidores sepan que también estamos presentes ahí de manera constante.

## El blogueo móvil, un potente medio de intervención

Hace poco más de diez años que aparecieron los blogs en el panorama
digital y rápidamente experimentaron un gran éxito. Luego este auge
decayó, porque no todo el mundo está llamado a la escritura y más pu-
blicada de manera regular y porque las nuevas redes sociales como Facebook y Twitter suplieron algunas de sus prestaciones. Pero los blogs
siguen constituyendo una gran red social, la llamada blogosfera, y su
sistema de plataformas de publicación sigue siendo imbatible, hasta el

punto que han influenciado profundamente la estructura y el diseño de los websites en general. Para una persona a quien le gusta crear contenido y difundirlo, los blogs siguen siendo la primera opción, por lo práctico y eficiente de sus plataformas, por la posibilidad de tener siempre disponibles los posts y enlazables por separado y en cualquier momento y porque un blog bien construido es un repositorio de información inmejorable. Pero también porque es una herramienta de intervención pública contundente, y que contribuye a definir de manera inmejorable la imagen y marca personal de su autor. Alguien así tiene en el blogueo móvil el medio de ir más allá en el impacto que puede causar, puesto que bloguear en marcha le permite:

▶ Aumentar la frecuencia de sus publicaciones.

▶ Intervenir desde lugares donde se producen hechos interesantes y recogerlos al instante.

▶ Proporcionar a sus seguidores una sensación de conexión más intensa y de cercanía a la realidad más precisa.

▶ Potenciar la propia imagen personal mediante una sensación de dinamismo.

▶ Diversificar los contenidos del blog.

*Podemos ser blogueros móviles, youtubers o creadores de podcasts y difundir en la Red contenidos de calidad creados por nosotros.*

Los usuarios que dispongan ya de un blog en Wordpress o Blogger encontrarán las correspondientes apps móviles para trasladar la producción y emisión móvil de sus mensajes. Pero existe una nueva posibilidad que debe ser tomada en consideración, especialmente por parte de quienes no tienen un blog pero que les gustaría publicar uno y hacerlo en el entorno de la vida móvil.

Se trata de la nueva plataforma Medium, que recupera el formato sencillo y minimalista propio de los inicios de los blogs y que ofrece una posibilidad de blogueo móvil muy atractiva. Medium es una plataforma de publicación de posts estructurada como red social en la que el usuario de una cuenta publica una serie de textos, que pueden incorporar fotos y vídeos adjuntos, que pueden ser leídos por los otros miembros de la red, en la que encuentra muchas sugerencias y seguimientos posibles, que se reciben cada semana por correo electrónico. Verlo en **medium.com** y hallar la app móvil para iOS en

https://itunes.apple.com/us/app/medium/id828256236?mt=8

Y para Android en

https://play.google.com/store/apps/details?id=com.medium.reader&hl=en

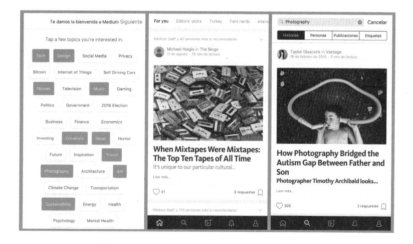

Como se verá, Medium es minimalista y elegante, y su formato móvil permite difundir en el entorno de la vida móvil unos contenidos que van más allá de los tuits o posts en Facebook y que no tienen que alcanzar la extensión o densidad de los propios de otras plataformas. Es un formato ideal para un blogueo móvil y frecuente, practicado por alguien que desea difundir ideas, informaciones y contenidos con mucha frecuencia. Incluso a quienes ya bloguen en plataformas más complejas, Medium ofrece el retorno a la sencillez del *blogging* primigenio, y a quienes no lo hacen, ampliar el registro de difusión móvil de contenidos. Quien no haya blogueado nunca hallará en Medium el placer del blogueo sin añadidos.

## Ser youtuber, una opción potente

El movimiento de los youtubers, que se ha hecho muy popular en los últimos tiempos, es uno de los fenómenos más interesantes de la Red. El *smartphone*, gracias a sus prestaciones como videocámara, es el coprotagonista de este *boom* junto con los jóvenes creadores que lo llevan a cabo. Un supercomunicador móvil debería considerar seriamente la posibilidad de convertirse en youtuber pues se trata de una forma de comunicación muy creativa que, soportada sobre el gran dinamismo que la grabación móvil de vídeo proporciona, complementa perfectamente las funciones de Periscope para que el videoaficionado obtenga unos resultados menos efímeros y más elaborados.

Quien se plantee la posibilidad de ser un youtuber debería revisar a fondo el capítulo 3 de este libro, sobre la grabación y edición de vídeo, para considerar las posibilidades y también las dificultades que ello entraña. En el libro de esta misma colección *YouTuber. Cómo crear vídeos de impacto y triunfar con ellos en Internet*, obra del autor que el presente libro escribe, el lector interesado hallará un completo manual de iniciación a esta práctica, con todos los detalles necesarios para crear, producir y difundir vídeos en YouTube.

Ser un youtuber móvil es una versión ligera del arte del *youtubbing* que se ofrece al supercomunicador como medio excelente de expresarse e incidir mediante el vídeo creativo, divulgativo o informativo. Pero el candidato a su práctica deberá considerar la dificultad de producir vídeos de cierta calidad, el empeño de mantener un canal propio en YouTube y el esfuerzo en difundir adecuadamente los vídeos. Pero la originalidad de esta apuesta consiste en crearse una personalidad de youtuber móvil, caracterizada por grabar con el *smartphone*, hacer coberturas de actualidad, incidir con divulgaciones de temas que están en la calle y saber presentarse como alguien muy ágil a la hora de convertir el móvil en una cámara que está presente en muchos lugares y sirve a sus seguidores una rica variedad de vídeos.

## Grabar y difundir podcasts, una alternativa en audio

Una alternativa al *youtubbing* y al blogueo móvil es la versión en audio de esta capacidad de comunicación móvil de amplia intervención: grabar y difundir podcasts. En el capítulo 4 de este libro hemos explicado qué son los podcasts y cómo disfrutar de su audición; ahora se trataría de plantearse una comunicación exclusivamente auditiva como medio de expresarse y estar presente en los círculos sociales.

El podcaster móvil utiliza la grabadora de audio del *smartphone* —o una aplicación de audio suplementaria— para hacer grabaciones que pueden ser de géneros muy diversos. Una producción ligera de podcasts sería aquella que conlleva poca o ninguna edición de las grabaciones de audio y que las difunde mediante las versiones móviles de las redes sociales, WhatsApp u otros medios de mensajería instantánea. No serían podcasts tan ambiciosos como los que se realizan con efectos de sonido y edición laboriosa sino una especie de blogueo hablado en lugar de escrito. Por ese motivo deben considerar esta posibilidad las personas que no tengan tendencia a expresarse por escrito y prefieran hacerlo hablando.

El equivalente al canal en YouTube que utilizan los youtubers sería en este caso la plataforma iVoox o incluso la difusión de los podcasts subiéndolos directamente a la propia cuenta en las redes sociales. Una opción es usar un blog de formato ligero, como Medium o Blogger, y colgar los podcasts en posts con una breve presentación escrita. Esta es una forma de intervención comunicativa muy potente y comparable a las que hemos venido describiendo.

Al igual que si hacemos vídeos para YouTube, lo que resulta crucial en el podcasting móvil es tener claro qué deseamos comunicar y cómo hacerlo. Hay que pensar una línea de trabajo propia, tomar notas sobre los temas que dominamos o que nos gustan y deseamos aprenderlos y comenzar a hacer previsiones de grabación periódica y regular de los podcasts. Porque lo fundamental en la tarea del supercomunicador móvil no es solamente la rapidez y la claridad en la difusión de los mensajes: la regularidad en la emisión es fundamental. Si difundimos un podcast ahora y el siguiente dentro de un mes o seis semanas, no conseguiremos fidelizar una audiencia y no lograremos el efecto de que se nos identifique con esta actividad y se nos busque habitualmente para revisar estos contenidos.

Ver lo que hemos escrito sobre grabación de sonido en el capítulo 4 para comprobar si podemos estar en condiciones personales y técnicas de convertirnos en podcasters móviles. Y una vez hecho esto, comencemos a trabajar en un podcast de prueba, a modo de ensayo, y acto seguido, a escribir una lista de podcasts posibles para luego planificar —de manera realista y factible— unos plazos de producción.

## Todas las tarjetas de visita en el móvil

Cam Card, para archivar en digital las tarjetas de visita y negocios junto con sus datos

camcard.com

La comunicación interpersonal debe ser tan cuidada como la digital. El intercambio de datos y tarjetas de visita en una reunión de trabajo es un momento crucial en el que es necesario causar buena impresión. Cuando uno asiste a un congreso o encuentro de negocios, o tras una jornada profesional con diversas reuniones, se encuentra con un buen número de tarjetas que le han entregado sus interlocutores y que acaban formando un paquetito un poco grueso en el bolsillo. Cam Card es un sistema que permite escanear las tarjetas que vamos acumulando con el móvil y gestionarlas como en un fichero de contactos. Agrupadas digitalmente, las tarjetas de nuestras relaciones comerciales forman una verdadera base de datos de modo que podemos operar con su información y añadir notas, etiquetas, recordatorios y otros elementos.

Incorporando nuestra tarjeta al conjunto, podemos incluso intercambiar tarjetas digitales con nuestras relaciones.

El sistema de sincronización permite consultar y actualizar el paquete de datos de las tarjetas desde cualquiera de nuestros dispositivos.

## Presentaciones con power point y diapositivas

Power Point Keynote Remote, para usar el móvil como control remoto de una presentación

pptremotecontrol.com

El *smartphone* es una herramienta útil incluso cuando tenemos que hacer alguna presentación con diapositivas o Power Point en una reunión de trabajo o ante un auditorio. En este caso, podemos usar nuestro *smartphone* como controlador a distancia de la presentación, lo que nos ahorra comprar un dispositivo especial a tal efecto. Este recurso mejora nuestras capacidades comunicativas en el momento de efectuar un acto público de este tipo.

Con la aplicación Power Point Keynote remote podemos controlar este tipo de presentaciones, previamente cargadas en el *smartphone*, y este sintonizado mediante wifi o Bluetooth al ordenador que realiza la proyección en la sala. No solamente permite ir pasando las diapositivas sino saltar a una de ellas fuera de orden. Al mismo tiempo puede realizar la grabación de voz de la presentación que estemos realizando en el momento.

## Reporterismo instantáneo

Storify, herramienta periodística para informar en directo

storify.com

A menudo olvidamos que hacer una copia escaneada de un documento al que tenemos **storify.com**.

Storify es una herramienta muy usada por los periodistas profesionales para hacer coberturas informativas en directo. Presenta una historia de actualidad en cronología inversa, a medida que el usuario va haciendo anotaciones sobre la marcha. Pueden intervenir diversos reporteros o editores al mismo tiempo, y finalmente publicar en la propia plataforma o bien en una web o blog propios.

Quienes no son periodistas profesionales pero desean hacer alguna labor de reporterismo tienen aquí una herramienta simple pero muy eficaz. Los maestros pueden usarla para armar equipos con sus alumnos en una clase práctica de redacción, de visita a un lugar instructivo o evento en directo, para que practiquen haciendo reportes directos de la realidad. En otro sentido, un equipo de ventas puede compartir entre sí las impresiones obtenidas de unos y otros clientes tal como van siendo visitados sobre la marcha.

## Un navegador que lo reproduce todo

### Ninesky, navegador muy rápido apto para Flash y HTML 5

play.google.com/store/apps/details?id=com.ninesky.
browser&hl=es

Si solemos navegar a menudo por webs muy audiovisuales o complejas necesitaremos un navegador en el móvil que admita Flash y HTML 5. Aunque se prevea que el segundo acabará con el primero, lo cierto es que muchísimos de los websites que los profesionales de la comunicación audiovisual todavía usan Flash, aunque el lenguaje más usado sea HTML 5. Ninesky permite operar con ambos, cosa que no se suele hallar en el navegador que el smartphone trae por defecto, y es tan rápido como Chrome. Solamente está disponible la versión para Android.

## ¡Luces, cámara, acción!

Movie Slate, una claqueta digital para rodar en cine o en vídeo

movie-slate.com

El comunicador audiovisual que haga grabaciones o rodajes en cine o en vídeo tiene aquí una gran herramienta. Esta claqueta digital no solamente funciona en nuestro *smartphone* o iPad sino que hace mucho más que las físicas: con ella podemos ir registrando los ajustes de las ópticas que utilizamos y además ofrece la posibilidad de ir haciendo anotaciones en cada toma que realicemos. De este modo llevamos en nuestro dispositivo móvil todos los detalles técnicos de la sesión de grabación. Disponible solamente para iPhone e iPad.

## Escribe tu guión en marcha

Scripts App, un redactor de guiones para usar con el móvil o la tableta

scriptsapp.com

El guionista audiovisual tiene que hacer su tarea en marcha muy a menudo y en momentos imprevistos. Es conveniente que lleve consigo en su dispositivo móvil una copia del guión en el que está trabajando para modificarlo en medio de una sesión de rodaje o en otro momento en que se le ocurran los cambios necesarios en la historia. Scripts App permite llevar en el móvil o en la tableta un software de escritura de guiones con el que realizar esta labor en cualquier parte. Puede sincronizarse con otros dispositivos así como exportar e importar textos de Dropbox o transferirlos mediante correo electrónico e iTunes. Disponible solamente para iPhone e iPad.

## Traducir todo en todas partes

La app de Google Translate permite llevar encima un traductor de 103 idiomas

play.google.com/store/apps/details?id=com.google.android.apps.
translate&hl=es

itunes.apple.com/en/app/google-translate/id414706506?mt=8

Google Translate, el traductor de Google, es la más poderosa herramienta de traducción en línea. Ahora la podemos utilizar en el *smartphone* con la posibilidad de traducir entre 103 idiomas distintos. Pero además podemos utilizarla fuera de línea para operar con 52 lenguas, allá donde no tengamos acceso a Internet. Además, utilizando la cámara del móvil, la aplicación permite fotografiar un texto que deseemos conocer —un cartel, un impreso, una señalización— de modo que lo incorpora al traductor y lo vierte a cualquiera de los 29 idiomas disponibles por este medio. Ideal para cuando vamos de viaje, estamos en una reunión con personas de diferentes países o trabajamos con material comunicacional escrito en diversas lenguas. Disponible para Android e iOS.

## Vale, ya lo leeré luego

Instapaper guarda la web que estás viendo y la registra en una colección de marcadores

instapaper.com

Una navegación inteligente por Internet conlleva la posibilidad de guardar aquellos websites que nos interesen pero que tengamos que guardar para leerlos luego, de cara a tareas de estudio, comunicación o formación. Desde que existe la Red han aparecido diversos sistemas de marcadores sociales, webs donde uno puede registrar el enlace deseado para compartirlo, clasificarlo o revisarlo. Dado el funcionamiento irregular de Delicious, la mejor de estas plataformas, se está imponiendo Instapaper, recurso imprescindible para la comunicación móvil en red.

Instapaper permite, mediante un botón que se incorpora al navegador, guardar una web que estamos visitando para recuperarla luego. El enlace se puede archivar según los temas que se prefiera y leer más  tarde, en formato de texto en la propia plataforma, fuera de línea, o en versión original en línea. La aplicación se sincroniza con otros dispositivos, de modo que estos enlaces se pueden consultar y gestionar en el móvil, la tableta o el ordenador, según el momento y el lugar. Pueden añadirse notas a cada web enlazada para profundizar en el trabajo con ella.

## Conectados en todo momento

Firechat, un servicio de mensajería instantánea que permite enviar mensajes sin cobertura ni wifi

opengarden.com/firechat

En determinadas situaciones propias de la comunicación profesional un usuario móvil puede encontrarse fuera de cobertura de telefonía o sin conexión wifi con la Red, y aun así verse obligado a contactar con otras personas por diversas razones. Fire Chat permite enviar mensajes, aunque no recibirlos. Es especialmente útil para periodistas que se hallan cubriendo manifestaciones o alteraciones del orden en países donde el gobierno ha bloqueado Internet, las redes sociales o la mensajería convencional.

## Conseguir información instantánea de expertos cercanos

Geofeedia proporciona información geolocalizada y extraída de redes sociales y otros usuarios

**geofeedia.com**

Es una aplicación útil para periodistas pero también para cualquier profesional que desee informarse a fondo sobre algo que sucede cerca del lugar donde se encuentra. Geofeedia consigue fotos en tiempo real, mensajes de Twitter, fotos de Instagram, Picasa o Flickr o vídeos de YouTube a partir de sus búsquedas simultáneas en medios sociales cercanos sobre la materia que le interesa a uno. Es un modo muy interesante de afinar y ampliar cualquier búsqueda, más allá de Google, y con objetivos más definidos.

# 7

# UN ENTRETENIMIENTO MEJOR Y MÁS GRATIFICANTE

El *smartphone* ayuda a la gestión del ocio y a descubrir curiosidades divertidas

**Buscamos diversión mediante el smartphone y la vida móvil nos muestra que las posibilidades pueden ser más variadas de lo que se creía.**

El entretenimiento es una de las utilidades que los usuarios de los *smartphones* más les solicitan. La vida móvil es la versión más depurada del ocio digital, y este, la tendencia generalizada del consumo cultural, que se suma a y se entremezcla con formas muy diversas de la diversión, que van desde lo audiovisual hasta el deporte, pasando por formas de vida social que giran en torno a la gastronomía, la naturaleza y las relaciones sociales. El teléfono móvil puede ser un instrumento de gran ayuda para seleccionar mejor las actividades de entretenimiento y para descubrir nuevas formas de diversión. Las que existen son innumerables pero las que explicamos aquí sirven para darse cuenta de las grandes posibilidades que la vida móvil ofrece en este sentido y afinar las capacidades de seleccionar las que más se ajusten a nuestros gustos y deseos. La gran oportunidad que se ofrece con ello es la posibilidad de discernir adecuadamente y equilibrar las formas de diversión basadas en el consumo pasivo y las que gracias al *smartphone* nos sitúan en un plano de una mayor actividad creativa.

## Saber cuando ponen tus series de tv favoritas

Just Watch, para programar el visionado en canales online

justwatch.com/es

JustWatch es una app que permite saber cuándo echarán la serie favorita en canales *online*. Es como una parrilla de *streaming* y te informa y avisa del día y la hora de emisión de las series seleccionadas, de entre el contenido de Netflix, Filmin, Wuaki, Atres Player, iTunes, Google Play y Mubi, así como las tiendas de Xbox y PlayStation y lo muestra con diferentes filtros: por título, actor, director, género, con todas las ofertas de suscripción digital en un lugar, sin tener que ir mirando en cada una para contrastar. Ahorra tiempo y ayuda a tomar la decisión de compra más adecuada, antes de suscribirse o adquirir un paquete de contenido concreto. Incluye alertas inteligentes para no perderse los episodios y una opción, lo más valorado de la aplicación, para saber cuándo hay ofertas o bajadas de precio. Funciona en Android, iOS y ordenadores.

## Ser el primero en gritar ¡gool!

Goles Messenger, para seguir al minuto la jornada deportiva

itunes.apple.com/es/app/goles-messenger/id546611684?mt=8

play.google.com/store/apps/details?id=com.golesmessenger.
android&hl=en

Sin necesidad de sintonizar la radio o la TV, Goles Messenger permite seguir momento a momento todas las incidencias de la jornada futbolística. Avisa cada vez que se produce un gol, una expulsión o un penalti. Permite además hacer porras con los amigos y sumar puntos en una liguilla que se mantiene con los amigos. Genera más de 150 millones de notificaciones en tiempo real y ofrece información actualizada sobre el mapa de preferencias que diseñemos. Informa de la Liga BBVA y la Premier inglesa, además de los partidos que emiten los canales de TV.

## La red social de la música

Muaaka, el punto de encuentro de musiqueros y bailones

muaaka.com

No es una app móvil sino un portal, aunque es muy probable que en el momento de la aparición de este libro la aplicación ya esté disponible. Muaaka es la red social de la música, la primera en el mundo de habla hispana que se centra en los gustos musicales de los usuarios. Ofrece un entorno interactivo en el que podemos hacer amigos que tengan los mismos gustos musicales que nosotros. Es un medio ideal para hallar compañeros con quien ir a los conciertos o para los que desean juntarse para ir a bailar. El usuario de Muaaka dispone de un perfil musical donde puede introducir sus artistas favoritos, sus vídeos musicales preferidos, sus intereses y otras opciones estandar como sus fotos o sus datos personales. También dispone de tres buscadores: el buscador de usuarios, con filtrado avanzado, el buscador de artistas, donde puede encontrar la información y la música de sus artistas favoritos y el Buscador de Conciertos, donde puede buscar los próximos conciertos mediante varias opciones de filtrado: por artista, por ciudad o por sala. Otro espacio es La Pista de Muaaka, un muro donde los usuarios pueden interactuar entre ellos, añadir los vídeos musicales de sus artistas favoritos, los conciertos a los que asistirán o las fotos del último concierto al que fueron. Dispone también de un Musicalizador de Emociones, una nueva manera de que los usuarios puedan expresar sus emociones en cada momento del día mediante la música. Una vez regulados los estados emocionales, la herramienta devuelve como resultado un vídeo musical que puede ser visualizado por los demás usuarios en la Pista.

## ¿Qué flor, árbol o planta es?

Hazle una foto y al instante lo sabrás

m.plantnet-project.org

Muchas personas desconocen los nombres de las plantas, árboles o flores que se encuentran cuando pasean por el parque o por el campo. Ahora, con sólo tomar una fotografía del ejemplar que se desea conocer es posible saber inmediatamente el nombre vulgar, el nombre científico e información adicional de tipo geográfico o histórico. Pl@ntnet permite identificar todo tipo de plantas, con sólo subir una imagen y seleccionar si es una flor, un árbol, una hoja o un fruto. Muestra el nombre, la familia y la zona geográfica a la que pertenece, a partir de una base de datos con más de 4.000 especies.

## Una red social para comer bien

Los usuarios recomiendan platos y restaurantes y pueden quedar para compartirlos

onfan.com

Onfan es una red social dedicada a la gastronomía, una comunidad en la que los socios descubren qué platos les gustan más de cada restaurante o bar. No se trata de hallar superplatos sofisticadísimos sino de que la gente descubra las especialidades de cada lugar y a fomentar las cosas bien hechas, lo más apetecible, honrado y original como bocado. La red se basa en las recomendaciones de sus miembros, quienes envían una foto geolocalizada del plato y un comentario, a los que se añaden los *likes* de los usuarios. Cada usuario puede compartir platos con todos los demás, como si fuera Instagram, y destacar, premiar o valorar los platos que proponen otros en sus Cuadernos.

Onfan funciona sobre todo como app desde el móvil (iPhone y Android), porque entienden que se usa cuando descubres algo y quieres compartirlo. Por eso, y para evitar spams, piden primero una foto geolocalizada del plato; luego un comentario y después los *likes* de los usuarios. Cada usuario puede compartir platos con todos los demás, como si fuera Instagram, y destacar, premiar o valorar los platos que proponen otros en sus Cuadernos. Onfan quiere ser una red social de verdad y promueve que sus usuarios interactúen y se conozcan. Para ello organizan lo que llaman Gastroquedadas, encuentros organizados para probar un restaurante o un local nuevo. Para apuntarte a una de ellas sólo tienes que haber señalado al menos dos platos en dos lugares distintos.

## Recursos y planes para salir de diversión con los niños

### Una guía para encontrar entretenimiento en la ciudad para toda la familia

divertydoo.com

Una de las preocupaciones de los padres es encontrar el modo de hallar diversiones aptas para toda la familia cuando desean salir con los niños. Divertydoo es una guía que halla y propone espectáculos, entretenimientos y todo tipo de actividades lúdicas y culturales apropiadas para todas las edades y muchas de ellas orientadas al público infantil. Ayuda a encontrarlas en el entorno inmediato del usuario y hace propuestas adecuadas para las edades y los gustos que se introducen en su base de datos. Actualiza las disponibilidades con frecuencia y propone con regularidad novedades, que se pueden incorporar a una lista personalizada de favoritos. Funciona en España.

## Conocer las estrellas, las constelaciones y los planetas

Star Walk, una completa guía del cielo

vitotechnology.com/star-walk.html

Star Walk no sólo es útil para los aficionados a la astronomía sino para quienes, como nos sucede a la mayoría, no sabemos distinguir las estrellas, las constelaciones y los planetas que aparecen en el cielo nocturno. Con sólo apuntar el móvil hacia el firmamento esta aplicación nos permite identificar cada cuerpo celeste a la vista y nos proporciona mucha información del Universo: lluvias de meteoritos, fases de la luna, horas de salida y puesta del sol, etcétera. Permite también comparar el cielo actual con otro anterior u obtener todo tipo de datos sobre un planeta.

## ¿Quieres que te cuente un cuento?

Los cuentos clásicos infantiles y sus juegos

cuentos-clasicos-infantiles-susaeta.appstor.io

Los cuentos clásicos infantiles nunca pasan de moda pero esta aplicación renueva la manera de entretenerse con su lectura. Además de leerlos ofrece prestaciones interactivas con las historias, imágenes y juegos relacionados con ellas. Una gran ayuda para los padres cuando los peques les reclaman que les cuenten un cuento. En español, inglés, francés, portugués e italiano. Sólo para iOS.

## La red social de la moda

Estar al corriente de lo que se lleva y de paso ganar dinero

21buttons.com

21 buttons es una red social dedicada exclusivamente al mundo de la moda. Su funcionamiento es muy sencillo: una vez descargada la app el usuario puede seguir a sus amigos e influenciadores favoritos y al mismo tiempo subir sus propios modelos o combinaciones. La red permite conocer todos los detalles sobre una determinada prenda y nos remite a la web de la marca para adquirirla.

21 buttons ofrece a su usuario la posibilidad de ganar dinero extra. Para ello debe etiquetar las prendas que lleva (sean de la marca que sean) y las ventas que se generen a partir de esa imagen darán lugar a una recompensa. El saldo se puede ir acumulando o cobrarlo en cualquier momento.

## ¡Mira qué bien leo en japonés!

Un traductor instantáneo del idioma nipón, en diferido o en directo

Yomiwa.com

Los otakus y todos los aficionados a la cultura japonesa gozarán con esto: una aplicación que convierte tu móvil en un traductor instantáneo del japonés. Con sólo apuntar la cámara a un texto escrito en esa lengua, Yomiwa lo traduce inmediatamente al inglés. También lo hace con fotografías que se hayan tomado o cargado en el teléfono, y por supuesto, en el caso de que se viaje por Japón, con los rótulos o textos que uno se vaya encontrando por el camino. Cuenta con un diccionario y con una guía de ejercicios para practicar escribiendo ideogramas japoneses.

## Pokémon go: ¡a jugar, a la calle!

El gran juego móvil de realidad aumentada que ha lanzado a recorrer las calles a los jugadores digitales en todo el mundo

Pokémon.com/us/Pokémon-video-games/Pokémon-go

El lector comprobará que en este libro no hemos propuesto videojuegos o juegos digitales, debido a que existen miles de ellos y los más populares son sobradamente conocidos. La singularidad y la novedad de Pokémon Go obliga, sin embargo, a hacer una excepción.

Pokémon Go es la prueba del nueve de la vida móvil y después de su aparición nada volverá a ser como antes en el entretenimiento digital. La evolución digital reclamaba, con toda lógica, la materialización de una conclusión tan simple como esta: el entretenimiento en la vida móvil es mucho mejor si es móvil. Así, en todo el mundo miles de personas se han lanzado a las calles a jugar a «cazar» Pokémons con su *smartphone*, con tal intensidad que incluso las autoridades se han sentido obligadas a divulgar normas de seguridad.

Pokémon Go se juega en calles, parques o plazas. El jugador sale al mundo real a explorarlo a través de la pantalla de su *smartphone*, tratando de atrapar a los pokémons que se ocultan virtualmente en los rincones de su entorno. Se trata pues de un juego de realidad aumentada, en el que interactúan las imágenes reales que el jugador capta con su *smartphone*, su geolocalización mediante GPS y el suministro de situaciones producido por el servidor de Nintendo. A medida que el jugador se mueve, el *smartphone* vibra para avisarle de que está cerca de un pokémon. Esto lo consigue gracias al GPS del teléfono y el reloj, para detectar dónde y cuándo está el usuario para hacerle encontrar una criatura del juego. Cuanto más se mueve el jugador, más tipos de personaje le aparecen.

Cuando encuentra un pokémon, el usuario debe lanzar su *pokéball* para atraparlo. Cuantos más atrape, más niveles como conseguirá. También podrá buscar *poképaradas*, situadas en puntos interesantes, como museos, lugares históricos de las ciudades o monumentos emblemáticos donde recoger *pokéballs* y más objetos como *Huevos pokémon* que pueden eclosionar mientras sigues jugando. Cuantos más niveles consiga más poderosos serán los objetos que obtenga.

En algún momento del juego, el usuario (llamado entrenador) deberá unirse a un equipo donde tendrá que elegir un personaje para ponerlo a combatir en un *gimnasio*. Todos los miembros del equipo deberán entrenar para ganar el combate y luchar por conseguir el dominio del gimnasio.

Si el jugador desea sacar una foto al pokémon, podrá hacerlo conectando la función de la cámara. La foto se guardará en la galería del teléfono y podrá compartirla en las redes sociales.

El juego es gratis y la app se puede descargar gratuitamente en la App Store y en Google Play. Pero si el usuario quiere mejorar la experiencia y optar a más funciones, podrá comprarlas en la aplicación. Con ellas obtiene pokémonedas, que se pueden intercambiar por mejoras y extras.

La peculiar característica de Pokémon Go, que es que el juego se realiza al aire libre, hace necesario tener en cuenta diversas normas de seguridad:

▶ No hay que fijar la mirada únicamente en la pantalla, hay que estar atento a lo que ocurre alrededor: pasos de peatones, semáforos, vehículos, mobiliario urbano, para no sufrir ni provocar un accidente.

▶ Está prohibido atrapar pokémons mientras se conduce o se monta en bicicleta; la policía puede sancionar por este hecho.

▶ Respetar las normas de acceso a espacios, recintos públicos y edificios privados. No invadir la calzada o la carretera y respetar las señales viales y de tráfico.

- Pokémon Go requiere estar conectado de manera permanente al GPS mientras se juega. Algunos delincuentes podrían hacer uso de la geolocalización para saber dónde te encuentras o si estás fuera de tu domicilio.

- Prestar atención a si existen micropagos dentro del juego para evitar sustos en la factura.

# 8

# SALUD, DEPORTE Y BIENESTAR

Aportes de información y consejos para una vida saludable

> *Supervisores del entrenamiento físico y de la salud personal, hay servicios orientados a la forma física y la actividad sana que nos sacan del sedentarismo.*

Para ser sinceros: tu *smartphone* no hará ejercicio por ti pero te dará la oportunidad de que te resulte más fácil hacerlo. Y te ofrecerá servicios de asistencia específicos para situaciones relacionadas con la salud que te aportarán mejoras que nunca hubieras pensado. Parece una paradoja: mientras que muchas personas desconfían del uso masivo de la tecnología digital creyendo que favorece el sedentarismo y aparta a la gente de la actividad física, lo cierto es que con la ayuda de las aplicaciones adecuadas, el *smartphone* es un valioso asistente para el mantenimiento de la salud mediante el control de la dieta, la promoción del ejercicio físico y la relajación. Un uso inteligente del móvil en este sentido sitúa a su tecnología fuera del fomento de la pasividad y lo coloca en el amplio espectro de posibilidades de apoyo a un modo de vida saludable tanto si se trata de la mera recreación como del ejercicio físico intenso.

Comprobamos aquí que la vida móvil es inseparable de un correcto discernimiento del uso apropiado de los dispositivos y sus aplicaciones y que no es la tecnología en sí un problema que obstaculiza una vida rica y diversificada sino su empleo incorrecto.

## Corregir la postura para mejorar la salud

Posture zone, cómo corregir la columna

bodyzone.com/posture-assessment/free-posture-iphone-app

Posture Zone es una app para iOS que analiza fotos laterales o frontales de nosotros y nos muestra cómo se encuentra nuestra postura y qué debemos corregir para alcanzar un equilibrio en la columna así como una alineación adecuada. La corrección postural suele mejorar afecciones como dolor de espalda, crispación de cuello o de hombros, y a menudo suele ocurrir que el hábito de autocorregir nuestra postura mejora nuestra salud en general al ser más conscientes de nuestro cuerpo.

## Controlar el asma en cualquier lugar

MIR Smart One, basta con soplar

mir.abmedic.com

MIR Smart One es un aparato medidor del hálito que se conecta al *smartphone* mediante una app y permite a quienes sufren de asma controlar su estado en cualquier momento que lo deseen con sólo soplar en un accesorio. La app conserva los datos y efectúa estadísticas, de modo que el paciente puede transmitirlos por mensajería o email a su médico, evitando frecuentes visitas a la consulta. Disponible para iOS y Android.

## Con los entrenadores de Nike

Nike Training Club, gimnasio y running de élite

nike.com/es/es_es/c/womens-training/apps/nike-training-club

Nike Training Club es un asistente de entrenamiento deportivo preparado por los entrenadores que asesoran a la famosa marca de material. Funciona como un entrenador personal para los aficionados al fitness, con más de 100 ejercicios para todos los niveles de condición física, estructurados en una gama muy variada de programas que se pueden adaptar a las necesidades de cada usuario. El servicio es audiovisual, pues cuenta tanto con una voz de acompañamiento que describe el ejercicio y anima a hacerlo como con vídeos que muestran la manera correcta de hacer los movimientos. Incluye entrenamientos semanales y una red social para intercambiar experiencias con los amigos. Es gratuita y está disponible para Android y iOS.

## Convertir el *smartphone* en un audífono

uSound, para oír bien y discretamente

**usound.co/es**

uSound es una aplicación que convierte el *smartphone* en un audífono con el que las personas hipoacústicas o sordas pueden oír mejor. Se le pueden introducir los datos audiométricos personales realizados previamente por un especialista o el propio sistema efectúa uno. Sólo hay que llevar el móvil conectado y con el auricular en la oreja. Sustituye al audífono si no se puede disponer de uno o si por razones estéticas no se desea usarlo.

## Dieta sana en el móvil sano

Contar calorías y monitorizar la alimentación

**lifesum.com**

Lifesum es una aplicación que cuantifica las calorías a través del seguimiento de las actividades físicas y de los hábitos alimenticios a la vez. Tiene un funcionamiento muy sencillo: a partir del registro de las actividades diarias y de los alimentos consumidos, la aplicación crea estadísticas que indican si estamos haciendo progresos hacia el objetivo que nos hemos propuesto y nos muestra el nivel de calorías al que debemos estar cada día. La app también ayuda a visualizar de forma rápida el contenido de cada alimento, desde vitaminas y proteínas, hasta carbohidratos y grasas. Es gratuita y disponible para Android y iOS.

## Motivación para hacer deporte

Apoyo de la comunidad móvil a los objetivos de entrenamiento

fitbit.com

Del dicho al hecho hay un gran trecho y de la planificación de nuestra actividad física deseada hasta los resultados reales obtenidos hay un terreno en el que los practicantes se suelen desanimar. Para mantener un ritmo constante de actividad física necesitamos un empujón como el sistema de recompensas en el que se basa la app de Fitbit. Propone fórmulas como «Día del objetivo» o el «Guerrero de fin de semana» para estimular a los usuarios y sus círculos de amigos. Durante estas misiones la app se encarga de monitorizar la actividad física de los participantes que aceptan el desafío y nombra el ganador en base a los resultados obtenidos por cada uno. Aparte de este componente motivador, la app añade también funciones de control de peso, registro del valor nutricional de los alimentos o monitorización del sueño. Incorpora servicios básicos como el calendario de ejercicios y la ayuda para establecer recorridos y actividades de running. Es gratuita y está disponible para Android e iOS.

## El profesor de yoga móvil

Clases particulares de yoga con lecciones audiovisuales

pocketyoga.com

Aunque lo mejor para aprender yoga es seguir clases con un profesor en un centro especializado, Pocket Yoga es una aplicación que ofrece apoyo para realizar sesiones personales de esta práctica psicofísica estructuradas en clases de distintos niveles. Estas vienen acompañadas por vídeos detallados e instrucciones de voz sobre la ejecución adecuada de cada ejercicio y los beneficios que cada uno aporta para la salud física y mental. Dispone de un diccionario descriptivo y visual de más de 200 posturas y registra los datos de forma continua para ayudarnos a evaluar nuestro progreso periódico. Es gratuita y está disponible para Android y iOS.

## Planificar bien la jornada de esquí

### Información de las mejores pistas mundiales

#### OnTheSnow

Es la aplicación de meteorología en las estaciones de esquí más descargada del mundo, y ofrece no sólo partes de nieve de más de 2.000 resorts actualizados regularmente, sino también informes, webs y fotos en tiempo real de los propios usuarios.

## Un piloto para el navegante

### Gestión integrada de toda la información para los amantes de la náutica

#### Inautik.es

iNautik es un servicio integral de información y documentación para los amantes de la náutica. Integra en una aplicación todos los datos e informaciones referentes a los principales puertos, mareas y estado del tiempo, mantenimiento, legislación y reglamentaciones y gestión de seguros y documentación oficial de la nave. Dispone de un localizador GPS.

# 9

# LA TECNOLOGÍA MÓVIL DEL FUTURO INMEDIATO

## Proyectos y complementos para el *smartphone* que facilitan aún más su uso

*La tecnología del futuro ya está aquí. Los smartphones se están convirtiendo en algo que llegará a ser muy distinto de lo que conocemos ahora.*

Dentro de unos pocos años, los *smartphones*, sus complementos y su tecnología asociada serán muy diferentes de cómo los conocemos ahora. Existen ya desarrollos muy interesantes que permiten llevar más allá el uso del móvil y mejorar sus prestaciones. Se están llevando a cabo, del mismo modo, trabajos de investigación que permitirán dentro de muy poco comenzar a atisbar esas transformaciones.

Algunas de esas evoluciones van a ser las que se refieren en este capítulo, unas por llegar y otras de realización inminente. El lector podrá ver así por dónde va a transcurrir la tecnología móvil de mañana mismo pero sobre todo va a conocer cuáles son las novedades más recientes que pueden adoptarse ya para su uso y que introducen mejoras muy importantes en el uso del móvil.

## Un *smartphone* que es como una tarjeta de crédito

orange.es

El teléfono móvil ya cabe dentro de la cartera. Orange ha lanzado un aparato concebido como un teléfono secundario, llamado **Card Phone**. Tiene la medida de una tarjeta de crédito y pesa 35 gramos. Permite hacer y recibir llamadas a partir de la línea que el usuario ya tiene contratada en su móvil principal a través del sistema MultiSIM de la propia compañía Orange. El precio es de 29 euros.

## Un teclado en el móvil con teclas tan grandes como los dedos

tiptype.net

Se acabó equivocarse al teclear en el móvil o pelearse con el texto predictivo. Existe una aplicación para Android llamada TipType que genera un teclado en la pantalla que agrupa todas las letras en doce teclas grandes. Cada tecla representa cuatro letras o símbolos, dispuestas por arriba, abajo, derecha o izquierda. Los espacios se entran pulsando cualquier tecla, y hay submenús para mayúsculas, símbolos y números. Sus creadores dicen que se tardan unas 48 horas en dominarlo pero que luego va más aprisa que un teclado normal. Lo importante es que sigue siendo un teclado qwerty.

# Móviles enrollables, la flexibilidad al límite

tecnooled.blogspot.es

Mientras comienzan a aparecer pantallas curvas e incluso flexibles, Samsung está preparando la verdadera revolución de los soportes físicos móviles: el smarphone enrollable. Se trata de lograr un aparato fino y a la vez resistente que dé la posibilidad de soslayar la reducción del tamaño de las tarjetas para mejorar su portabilidad, a cambio de poderlas enrollar y guardar en el bolsillo un tubo que se puede desplegar para empezar a funcionar. El aumento de tamaño podría obtenerse a voluntad, desplegando más o menos el dispositivo, de modo que en un solo producto se dispondría de un móvil o de una tableta. La fecha de aparición del producto se fija en 2017 y la tecnología corresponde a un material llamado Plastic OLED.

# Cargar el móvil con la energía de una planta

bioo.tech

Tres estudiantes españoles de 20 años han hallado lo que parece ser una solución a los problemas de producción de energía: obtenerla de las plantas. Han inventado la tecnología que permite generar una potencia de 3 a 40 vatios por metro cuadrado a partir de una batería biológica que aprovecha la materia orgánica que expulsa la planta para producir electricidad. El proceso genera energía constantemente, tanto de día como de noche, con un coste mínimo y un máximo respeto al medio ambiente. Funciona con un chip colocado en la tierra de una maceta de la terraza de casa y un dispositivo de 21 x 11 centímetros al que se conecta el móvil vía USB. Permite realizar hasta tres cargas por día.

## Recuperar el *smartphone* perdido

google.com

Si somos usuarios de Google y tenemos una cuenta en su sistema es muy conveniente registrar en ella nuestros dispositivos móviles. Gracias a la función «Encuentra tu teléfono» (Find your phone) cuando perdemos el dispositivo o cuando es robado podemos podemos localizarlo, bloquearlo, llamarlo, proteger nuestra cuenta, dejar un número en pantalla para que nos llamen y muchas más posibilidades que pueden ayudar a recuperar el aparato, incluso cuando ha sido robado. Sólo hay que acceder a nuestra cuenta en Google y acceder a la función «Mi cuenta», donde hallaremos el apartado que presta este servicio.

## Un teclado inmaterial para el *smartphone* o la tableta

ctxtechnologies.com

Si necesitamos escribir textos largos en nuestro *smartphone* o usarlo para hacer una retransmisión vía Twitter, ya ni siquiera necesitamos un miniteclado auxiliar: ya existe un teclado inmaterial. VK200 Keyfob es un pequeño instrumento del tamaño de una caja de fósforos que proyecta la imagen de un teclado virtual sobre cualquier superficie plana, mediante laser y conectado mediante Bluetooth. Proporciona un sonido de fondo semejante al del teclado de un ordenador para ayudarnos a que nuestro tecleo sea más ágil.

## Sujeciones y trípodes para hacer del *smartphone* una cámara profesional

shoulderpod.com

Las videocámaras de los *smartphones* son de una calidad de imagen cada vez mayor pero, oh paradoja, se echa en falta una gran variedad de sujeciones que permitan una estabilidad en la grabación y la obtención de la verdadera calidad que el dispositivo puede proporcionar gracias a ella. Shoulderpod es una empresa española que fabrica elementos supletorios para el *smartphone* que permiten una buena sujeción al agarrarlos con la mano y filmar con ellos en movimiento y trípodes multifunción. Estos dispositivos permiten no solamente situar el *smartphone* en posición estable sino asociarlo a micrófonos direccionales profesionales, para mejorar la calidad de la toma de sonido, y sistemas de iluminación que permitan filmar en la oscuridad o con luz artificial. Los precios son moderados y la calidad resultante del uso de estos complementos, grande.

## *Smartphone* flexible

lenovo.com

Lenovo está experimentando con un *smartphone* flexible que aún no tiene fecha de salida al mercado pero del que sí se ha presentado un prototipo. Gracias a las posibilidades que ofrece el grafeno, el móvil, construido con este material, puede doblarse y arrollarse de modo que se puede llevar en la muñeca como un reloj de pulsera.

## El *smartphone* más seguro del mundo por 15.000 euros

sirinlabs.com

Solarin es el móvil más seguro del mundo, fabricado por la empresa israelí Sirin Labs. Cuesta 15.000 euros o más de 16.000 dólares y está orientado a los altos ejecutivos de grandes corporaciones e instituciones para los que la seguridad y la privacidad son elementos clave. El Solarin incorpora la tecnología militar de privacidad más avanzada disponible, fuera del mundo de las agencias de inteligencia, y emplea la tecnología que usan muchos ejércitos para proteger sus comunicaciones. Dispone también de protección contra amenazas de Zimperium, una firma especializada en ataques cibernéticos a móviles, que trabaja con Google y ha descubierto y desactivado muchas amenazas contra el sistema operativo Android. Por el momento, Solarin solo se puede comprar en Inglaterra, en la tienda de la cadena Mayfair y en los almacenes Harrods, ambos en Londres.

# ANEXO

## Consejos para usar el *smartphone* y la Red con seguridad

### Cinco puntos necesarios para protegerte a ti y a los demás

La combinación de telefonía móvil e Internet es un arma poderosa. Como todas las cosas potentes, puede ser útil para conseguir buenos logros pero también puede hacer daño. La extensión de la vida móvil a amplísimos sectores de la población hace necesario que todos sean conscientes de ciertos riesgos y adopten conductas seguras y correctas al comunicar.

La lista de recomendaciones siguiente es útil para todos pero lo será muy especialmente para los adolescentes e incluso niños, de modo que es aconsejable a los lectores adultos que reflexionen sobre ellas y se las transmitan adecuadamente a sus hijos y familiares menores.

1. **NO FACILITES INFORMACIÓN PRIVADA POR INTERNET NI TAMPOCO POR TELÉFONO.** Tu número de celular o la dirección de tu domicilio son datos muy personales y no debes difundirlos por ningún medio. Tus familiares, amigos y gente próxima ya los conocen, de modo que no los facilites a nadie. Cuida tu información personal y también la de tus familiares y amigos.

2. **CUIDADO CON LAS FOTOS QUE DIFUNDES.** Cada vez se comparten más fotografías, sobre todo en Facebook, Instagram,

Twitter o Pinterest. Pero uno debería pensarlo dos veces antes de publicar fotos de sus hijos, y por supuesto no debería hacerlo con imágenes de menores que no son de su familia.

3. **NO MUESTRES TU DOMICILIO.** A todos nos gusta que los demás sepan que tenemos una buena vida, y mostrar la propia casa es señal de ello. Pero no deberíamos difundir imágenes de nuestro domicilio, especialmente del exterior, de manera que puedan detectarse puntos débiles por los cuales podría entrar un ladrón o un asaltante. Muestra solamente detalles de interiores, vistas parciales. Y tampoco difundas a los cuatro vientos que acabas de salir de vacaciones o que estás unos días de viaje porque alguien podría aprovechar tu ausencia para introducirse en tu domicilio. Es duro no mostrar lo bonito que es tu viaje mientras andas en ruta, pero es conveniente esperar a hacerlo a tu regreso.

4. **PROTEGE Y CAMBIA TUS CONTRASEÑAS.** Del mismo modo que a nadie das las llaves de tu casa, es necesario conservar a buen recaudo las contraseñas de tu celular, tableta y servicios y webs de la Red. Y aunque pueda ser molesto, hay que cambiarlas cada cierto tiempo para que, a pesar de las precauciones, queden invalidadas si alguien las ha conseguido indebidamente.

5. **RECUERDA EL CONSEJO DE LOS ANTIGUOS SABIOS: NADA EN EXCESO.** La vida móvil es una buena vida pero hay vida más allá del *smartphone*. Los servicios y herramientas que proporciona el *smartphone* deben estar al servicio de tu propia vida y no al revés. No lo uses mientras conduces; si caminas por la calle y tienes que recibir o enviar una llamada o un mensaje, detente un momento y no andes mirando al suelo. Piensa que es de mala educación hablar por el móvil cuando comes con alguien. Combina el uso del móvil con el de los cuadernos, bolígrafos y libros, y no permitas que te reduzca a una vida sedentaria. La vida móvil es para ampliar horizontes y no para limitarlos.

# ¿Me estoy convirtiendo en adicto al smartphone?

Todos los usuarios de los *smartphones* debemos preguntarnos alguna vez si hacemos un uso perjudicial de él

La extraordinaria implantación de los medios móviles ha supuesto un impacto tan imponente en la sociedad que, como ha sucedido siempre a lo largo de la historia moderna, muchas personas se ven con dificultades para incorporar su tecnología a su vida cotidiana. Algunos de estos procesos de adaptación se dan en forma de conductas problemáticas, relacionadas con el uso excesivo del *smartphone* y una absorción inconveniente en la cultura móvil, sobre todo por lo que respecta a las relaciones sociales y a una dedicación desmesurada a cuestiones virtuales. Esta es una preocupación legítima por parte de los padres respecto a sus hijos, pero también sobremanera en las autoridades del tráfico, dado que ha aumentado en gran número los accidentes de circulación relacionados con el uso indebido del móvil durante la conducción.

Algunos especialistas médicos y psicológicos vienen hablando de una probable adicción al *smartphone* e incluso proponen la existencia de patologías asociadas. Mientras ciertos centros médicos ofrecen servicios de tratamiento de esa así llamada adicción, a causa de los requerimientos en ese sentido por parte del público, otros observadores sociales previenen de que toda irrupción súbita de elementos que generan o propician nuevas conductas produce un incremento de actitudes desviadas o inconvenientes relacionadas con ellos. Adicción o conducta problemática, es necesario prevenir un uso excesivo o inconveniente del *smartphone* por parte de los usuarios, como muestra de, esa sí, una actitud sana y responsable.

Propondremos pues aquí no un test para determinar si nos comportamos excesivamente en ese sentido sino una lista de preguntas que conviene que de vez en cuando nos planteemos a nosotros mismos para efectuar un autocontrol del asunto y corregir lo que sí pudiera convertirse en un problema.

▌ Si uso menos mi *smartphone*, ¿me encuentro menos contento?

▌ ¿Creo que paso demasiado tiempo usando mi *smartphone*?

◗ ¿He tenido o he estado a punto de tener un accidente por estar distraído con mi *smartphone*?

◗ ¿Me pongo nervioso cuando no recibo un mensaje o una llamada cuando los espero?

◗ ¿He ignorado a las personas con las que estaba y me he concentrado en mi móvil?

◗ ¿El tiempo que dedico a mi *smartphone* me impide hacer cosas importantes?

◗ Cuando no tengo el móvil a mano, ¿me encuentro de mal humor?

◗ ¿Necesito usar el *smartphone* cada vez más tiempo para estar satisfecho?

## Alfabetización digital, un imperativo en la vida móvil

**Es necesario aprender a usar bien las nuevas tecnologías, y ese no es un problema técnico sino crítico**

Los caminos de las tecnologías de la información y la comunicación no tienen vuelta atrás. No volverá una vieja época supuestamente ideal en que no necesitábamos *smartphones* e Internet para vivir, del mismo modo que nadie se plantea hoy usar un carro con caballo para hacer la mudanza de su casa. Hemos de aprender a usar las tecnologías, con manuales como este que el lector tiene en sus manos o con otros medios. Y aprender a usarlas bien, porque cuando lo hacemos así evitamos sus inconvenientes que presentan (también ese gran invento llamado automóvil tiene inconvenientes: si no manejas bien tienes un accidente).

A esa necesidad responde una nueva disciplina, la alfabetización mediática, informativa y digital (MILID, según sus siglas en inglés). La UNESCO, organización de las Naciones Unidas para la educación y la cultura, la MILID como una de sus prioridades y recomienda un uso inteligente de las tecnologías de la comunicación y educación y una mentalización en el empleo crítico de los medios informativos.

En la mayoría de todos los países del mundo se están extendiendo todo tipo de acciones educativas en MILID dirigidas a todas las edades, y crecen exponencialmente. Es especialmente importante familiarizar a niños y jóvenes con una educación crítica en medios y comunicación para que aprendan a hacer buen uso de todo ello y no sean manipulados en sus puntos de vista o actitudes. También los mayores pueden aprovechar estas herramientas para ponerse al día y de paso disfrutar del aprendizaje. Y todo esto no entraña ninguna dificultad.

Una de las iniciativas recientes más interesantes es la publicación de dos libritos ilustrados, *Manual de Internet sano* y *Guía para viajeros/as digitales*. Han sido escritos por el profesor Santiago Tejedor, Doctor en Comunicación, con la asistencia de Mireia Sanz y Danuta Asia-Othmann, del equipo del Gabinete de Comunicación y Educación de la Universidad Autónoma de Barcelona, del que él es el coordinador. Han sido publicados gracias a una meritoria iniciativa de la vicepresidenta de la República Dominicana. La vicepresidenta de ese país, Doctora Margarita Cedeño de Fernández, es una gran activista de la alfabetización y la culturización de su ciudadanía y ha propiciado la publicación de estas obras, que están dirigidas tanto a niños y jóvenes como a sus padres, y que son un modelo práctico y muy valioso de cómo instruir sobre MILID de manera asequible a todos.

La vicepresidenta de la República Dominicana ha querido que estos dos libros estén accesibles a todos y para ello ha producido su edición y distribución gratuita. Pueden descargarse gratis desde los enlaces siguientes:

Guía para viajeros/as digitales:

www.gabinetecomunicacionyeducacion.com/es/publicaciones/
guia-para-viajerosas-digitales

Manual de Internet sano:

www.gabinetecomunicacionyeducacion.com/es/publicaciones/
manual-de-internet-sano

En la web del Gabinete de Comunicación y Educación se hallarán numerosos materiales educativos e informativos sobre MILID:

www.gabinetecomunicacionyeducacion

## *Smartphone* y niños, ¿una relación problemática?

Cinco puntos para que padres e hijos caminen juntos por el camino de la cultura móvil

Es obvio que los padres tienen la obligación de vigilar el uso de la tecnología móvil por parte de sus hijos menores de edad y que la nueva realidad que el acceso de los niños a los *smartphones* presenta nuevas dificultades añadidas a la paternidad. También lo es que los pequeños desean usar teléfonos móviles a una edad cada vez más temprana, y que ello implica ciertas situaciones de riesgo que hay que prevenir. Hay padres que están extremadamente alarmados ante esa situación, pero hay algo muy cierto: los riesgos no van a desaparecer ni el *smartphone* va a esfumarse como por arte de magia. Si nuestro hijo no posee uno sus compañeros de colegio sí, y no hay nada más que deteste un niño que ser diferente de otros niños. Ese es también un riesgo muy considerable sobre el que hay que reflexionar.

Vamos a anotar aquí algunas directrices prácticas que podrían ayudarnos a la hora de tratar con los problemas que la riesgosa relación niños-*smartphone* presenta a las familias.

▶ **CONTROLA EL *SMARTPHONE* DE TU HIJO… SIN QUE SE NOTE DEMASIADO.** No hay nada más odioso que un padre o una madre invasivos. Los niños tienen un sexto sentido que les enciende una alarma cuando alguien desea controlarlos. No importa lo que hagas: tu hijo te verá siempre como un estorbo que pretende inmiscuirse en algo que le apasiona. No es que no te quiera, es que los niños maduran antes y más aprisa (no en todos los aspectos pero sí en este) y desean un tipo de autonomía y privacidad a la que sus padres no optaron en su edad. Por tanto todas las acciones tendentes a regular el uso del *smartphone* de los hijos deben ser llevadas a cabo con sutileza y elegancia… pero con determinación: la autoridad paterna no se cuestiona.

▶ **LA PRIVACIDAD DE LOS MENORES ES LEGÍTIMA… HASTA CIERTO PUNTO.** Los menores tienen derecho a privacidad en cierto grado. ¿En qué medida? En la medida que vayan asumiendo actitudes responsables en cada vez más aspectos de la vida. La privacidad, como la paga semanal, se gana. La primera lección que los adolescentes han de aprender es que los actos tienen consecuencias y que es inevitable hacer frente a estas. El espacio de privacidad del menor le es necesario para aprender a ser él, y se aprende a ser uno mismo asociándose y comparándose con los demás. ¿Cuál es el límite de esa privacidad? Que esa privacidad debe ser custodiada y protegida por los padres. Las redes sociales, WhatsApp, son espacios de sociabilidad adolescente que estarán protegidos si se enseña a los chicos a hacer buen uso de ellos.

▶ **LÍMITES SÍ, ¿PERO CUÁLES?.** Por ejemplo: que no pueda descargar aplicaciones sin el permiso de los padres. Para ello habrá que instalar una contraseña que sólo la conocerán los mayores. O bien: una hora límite de uso del *smartphone* al anochecer, o un monto total de horas de uso al día que no hay que sobrepasar. Se trata no de imponer prohibiciones indiscriminadamente sino de negociar límites aceptables por ambas partes.

▶ **LOS MAYORES SON EL EJEMPLO.** A menudo suele haber padres que se quejan de que sus hijos se pasan el día pegados al móvil… y ellos hacen lo mismo. Olvidan que también en esta actividad los mayores deben servir de ejemplo a los menores. Porque cuando quieran poner límites a los chicos en el uso del móvil ellos les echarán en cara su desmesura. Dentro de esa actitud ejemplar, es muy conveniente que los padres se acompañen de los hijos para navegar por la Red, explorar aplicaciones y redes sociales, y que los chicos vean que lo hacen con criterio y seleccionando lo bueno; los jóvenes se dan cuenta de las actitudes de los mayores hasta el milímetro.

▶ **COMPARTIR Y CONVERSAR SIEMPRE.** Es bueno intercambiar información y opiniones con los hijos respecto a los contenidos de la comunicación móvil y sus usos. Sin forzar ni invadir, podemos referirles algo que hemos encontrado al navegar por las redes sociales, o indicarles una buena experiencia. No para aconsejar sino para dar pie a una conversación sobre el tema, de modo que la cultura digital móvil no sea un espacio acotado por edades dentro de la familia. Del mismo modo es muy conveniente conversar con otros padres sobre las respectivas experiencias de la educación digital de los respectivos hijos.

## Algunos sitios web para estar al día en tecnología

La vida móvil va muy deprisa, también en la Red, y es necesario aprender continuamente

### GADWOMAN

gadwoman.com

Web tecnológica dedicada al público femenino. Todas las novedades en gadgets de todo tipo con especial atención a los dispositivos móviles y su uso por parte de las mujeres, en la familia, con los niños y en muchos entornos sociales. Editada por Carmen Jané, periodista de *El Periódico de Catalunya*.

### TICBEAT

ticbeat.com

Web especializada en medios sociales, dispositivos móviles y cibercultura, dirigida a profesionales y empresas que deseen estar al corriente de lo último.

### BLOGPOCKET

blogpocket.com

Web de Antonio Cambronero, uno de los pioneros de la divulgación de las TIC en España, con todo tipo de consejos, tutoriales, lecciones y libros para descargar gratis sobre medios sociales.

## CANAL PDA

eleconomista.es/CanalPDA

Sección de *El Economista* dirigida y escrita por Albert Cuesta, uno de los principales especialistas en telefonía móvil de España.

## ERROR 500

error500.net

Una de las webs pioneras de la divulgación de las nuevas tecnologías en español, por Antonio Ortiz.

## ROSA JC

rosajc.com

Blog de Rosa Jiménez Cano, periodista del diario español *El País* y enviada especial a Silicon Valley, desde donde reporta las últimas novedades en tecnología punta.

## +DIGITAL EL PERIÓDICO

blogs.elperiodico.com/masdigital

Sección de la edición digital de *El Periódico de Catalunya* con lo último en tecnología, vida móvil y cultura digital.

## A los mayores: este es vuestro momento, aprovechad la vida móvil para estar mejor

### Cinco consejos para que los abuelos pierdan el miedo de una vez al mundo digital

En los últimos años se ha duplicado la cifra de personas mayores de 50 años que utilizan dispositivos móviles o acceden regularmente a la Red. El porcentaje ha aumentado de un 31 por ciento a un 64 por ciento, lo que representa un salto muy considerable en la implantación de las nuevas tecnologías de la comunicación entre la población de esa edad. Va quedando atrás la imagen de una persona mayor que apenas sabe manejarse con un ordenador o un móvil, que teme adentrarse en el uso de las tecnologías digitales y cree que ese es un asunto que hay que dejarlo en manos de los jóvenes.

Como saben todos los abuelos que han renunciado a ese tópico y se han conectado a la Red, la posibilidad de relacionarse con unos nietos que probablemente viven lejos o que andan muy ocupados con las tareas de la escuela y las actividades de ocio educativo es algo que no tiene precio. Como hemos dicho al inicio de este libro, la vida móvil nos permite recuperar y potenciar el contacto humano en lugar de aislarnos. Y hay algunas cosas que suceden en la vida que una persona mayor debería evitar: la excesiva soledad, el aislamiento respecto a los más jóvenes y dejar de aprender cosas nuevas.

La vida móvil permite superar esos riesgos y dotar a la vida de las personas jubiladas o a punto de hacerlo de nuevos alicientes. Veamos cómo podemos superar los supuestos obstáculos al respecto.

▶ **NO EXISTE NINGUNA COMPLICACIÓN TECNOLÓGICA ESPECIAL.** Muchas personas tienen reparos a la hora de usar el móvil o la Red porque creen que hay que tener determinadas habilidades en el manejo de la tecnología que les va a costar adquirir, y desisten de ello. No es cierto; no hay que programar nada ni desarrollar ninguna complicación técnica. El empleo de los dispositivos digitales se basa siempre en acciones a nivel del usuario común y corriente. Los desarrolladores digitales han aprendido la lección que nunca asimilaron los ingenieros de aparatos electrónicos domésticos: nada de vídeos imposibles de programar, nada de televisores difíciles de sintonizar, nada de lavadoras pensadas para señoras con masters en electrónica. Sólo hay que familiarizarse con un entorno determinado y comprender la vinculación que existe entre plataformas y acciones en los espacios digitales.

▶ **PEDIR AYUDA A LOS NIETOS O LOS SOBRINOS.** «Mi nieto es el experto, yo no tengo ni idea de cómo funciona esto». Pues pide consejo a tu nieto o a tu sobrino y aprende de los chicos. No es una deshonra aprender de los más jóvenes sino todo lo contrario: los más pequeños siempre estarán encantados de que el abuelo quiera compartir con ellos una afición que les gusta. Claro que al principio se reirán un poquito —los niños son crueles— pero apreciarán que su abuelo confíe en ellos.

▶ **NO ES (SÓLO) COSA DE JÓVENES.** El mundo de los contenidos digitales, las redes sociales y la comunicación móvil no es un asunto exclusivo de los jóvenes. En la Red hay de todo y por tanto está lo que a una persona mayor le puede interesar. No quedarás mal ni desfasado con actitudes impropias de tu edad sino que aparecerás como una persona dinámica, conectada con todas las realidades y que aprende constantemente.

▶ **VUELVE A DISFRUTAR DE LA AMISTAD.** Con el tiempo y la edad uno se va distanciando de algunas amistades y se corre el riesgo de, sin darse cuenta, ir quedando aislado. Las redes sociales móviles son el gran aliado de la gente mayor para seguir disfrutando de la amistad: hacer amigos nuevos y recuperar a los de antes. El autor de este libro se mantiene en contacto con los amigos de su infancia y su juventud, con los compañeros de estudios y aficiones y con el ambiente del barrio en el que nació gracias a la vida móvil y la Red. Y, querido lector que eres mayor, ten en cuenta que en el momento de escribir estas líneas, este autor tiene 66 años.

▶ **EL APRENDIZAJE CONTINUO ES UNO DE LOS GRANDES PLACERES DE LA VIDA.** Y más cuando uno ya tiene una edad. Afortunadamente, ya no tenemos que ir a la escuela y presentarnos a exámenes. O quizás en nuestra juventud no nos fue posible estudiar. Cuando uno es mayor se le ofrece la gran oportunidad de gozar del aprendizaje como placer de la vida. Descubrir cosas nuevas, aprender y practicar algo que siempre nos había atraído, y mucho más: sentirse vivo y en forma al estar ilusionado con las novedades que ofrece el vasto mundo de la cultura digital y la vida móvil. Uno puede convertirse incluso en estudiante universitario a distancia y gratis, gracias a los cursos MOOC que ofrecen la mayoría de las universidades. Y estas prácticas culturales mediadas por el móvil, la tableta o la Red confieren prestigio a quien las ejercita.

# BIBLIOGRAFÍA

Armayones, Manuel. *El efecto Smartphone. Conectarse con sentido*, UOC, Barcelona.

Ferrando, Ignacio. *Manual de fotografía por teléfono móvil*, Desnivel, Madrid.

Giraldo, Santiago. *Més enllà de Twitter. De l'expressió indignada a l'acció política*, Eumo, Vic.

Jaraba, Gabriel. *YouTuber. Cómo crear vídeos de impacto y triunfar con ellos en internet*, Redbook, Barcelona.

Jaraba, Gabriel. *Periodismo en internet. Cómo escribir y publicar contenidos de calidad en la red*, Robinbook, Barcelona.

Jaraba, Gabriel. *Twitter para periodistas*, UOC, Barcelona.

McLeese, Don. *Los teléfonos móviles*, Rourke, Vero Beach, FL, EE UU.

Pérez Tornero, José Manuel, y Tejedor, Santiago. *Guía de tecnología, comunicación y educación para profesores: preguntas y respuestas*, UOC, Barcelona.

Pérez Tornero, José Manuel, y Varis, Tapio. *Alfabetización mediática y nuevo humanismo*, UOC, Barcelona.

Tejedor, Santiago. *Guía para viajeros/as digitales*, Vicepresidencia de la República Dominicana, Santo Domingo.

Tejedor, Santiago. *Manual de internet sano*, Vicepresidencia de la República Dominicana, Santo Domingo.

Vacas, Francisco. *Los teléfonos móviles, ventana para la comunicación integral*, Creaciones Copyright, Madrid.

# Taller de escritura

## La novela corta y el relato breve
### Mariano José Vázquez Alonso

Una creación literaria construida en forma de relato breve o bien como un cuento puede ofrecer una dosis de expresividad y vigor mayor que cualquier aclamada novela. Grandes escritores de todas las épocas han empleado esta técnica para desarrollar magníficas historias condensadas en unas pocas líneas. Pero para dar relevancia a una trama a partir de un número reducido de personajes y con un argumento aparentemente sencillo es necesario no sólo volcar toda la riqueza expresiva sino también dar la dimensión y el sentido justo al relato.

## Cómo escribir el guión que necesitas
### Miguel Casamayor y Mercè Sarrias

Un guionista es la persona encargada de confeccionar un guión, ya sea para una producción cinematográfica, televisiva, una webserie, una sitcom, etc. Los autores de este libro —guionistas profesionales con años de experiencia— ponen al descubierto cada uno de los elementos básicos e imprescindibles para escribir un buen guión: la historia, la construcción de personajes, las tramas… y todo ello plagado de intuiciones, comentarios, reflexiones y ejemplos para hacer esta guía una útil herramienta de trabajo con el fin de que todo aquel que quiera convertirse en guionista y no sepa por dónde empezar halle aquí todas las respuestas.

## El escritor sin fronteras
### Mariano José Vázquez Alonso

Este es un libro con vocación de ayudar tanto a quienes han hecho de la escritura su profesión como aquellas otras personas que tienen como meta plasmar una brillante idea en forma de novela.

A través de detalladas técnicas el lector encontrará la manera más fácil y directa de encontrar un tema adecuado, desarrollar una trama, construir una localización, dar rasgos de verosimilitud a un personaje o dar con la palabra precisa que le ayudarán a construir su propia voz.

- Escoger el lenguaje adecuado.
- Diferencia entre trama y argumento.
- ¿Narrar en primera o en tercera persona?

## Periodismo en internet
### Gabriel Jaraba

## Cómo escribir y publicar contenidos de calidad en la Red

Las nuevas tecnologías han hecho que nuestra vida esté cada día más ligada a la información: nuevos entretenimientos y modos de socializar giran en torno a lo comunicativo. Este es un libro dirigido a estudiantes de periodismo o comunicación, a personas interesadas en la actualidad, deseosas de comunicar y hacerse oír, a profesionales interesados en adoptar las nuevas tecnologías de la información y a cualquier persona con inquietudes culturales que ha descubierto que internet es un inmenso campo de aprendizaje y acción. Cada capítulo es una lección gradual que te introduce a unas habilidades y competencias, te explica cómo adquirirlas y te induce a practicarlas.

- Cómo comunicar en la Red.
- Adaptar la escritura periodística a tu web.
- Unos cuantos modelos de blogs periodísticos.
- Tareas periodísticas en las redes sociales.
- Recursos para usar mejor Twitter.

**Youtuber**
Gabriel Jaraba

## Cómo crear vídeos de impacto y triunfar con ellos en Internet

Dentro de la web 2.0, disponer de un canal en YouTube significa tener unas magníficas oportunidades para darse a conocer. Ser un youtuber quiere decir ser miembro de una nueva generación de creadores audiovisuales que, gracias a esta gran plataforma de difusión, pueden mostrar, más allá de cualquier frontera, su trabajo, sus creaciones y –también– ofrecer contenidos de entretenimiento.

En los vídeos, los youtubers relatan sus experiencias vitales, elaboran recetas de cocina, enseñan tutoriales de moda, dan consejos de belleza, recitan monólogos humorísticos o muestran trucos del último videojuego de moda.

Este libro está dirigido a las personas que desean perfeccionar su capacidad de crear, producir y difundir vídeos en internet como un medio para acercarse y fidelizar un público.

- La vida en un móvil, un nuevo modo de expresarse y relacionarse.
- El equipo necesario y cómo utilizarlo.
- Cómo convertir una intuición en realidad.
- Cómo construir una narración significativa y atractiva.
- Estrategias de promoción: crear un canal y darse a conocer.

# En la misma colección Ma Non Troppo / Taller de:

## Taller de música:

**Cómo potenciar la inteligencia de los niños con la música** - *Joan Maria Martí*

**Ser músico y disfrutar de la vida** - *Joan Maria Martí*

**Aprendizaje musical para niños** - *Joan Maria Martí*

**Cómo preparar con éxito un concierto o audición** - *Rafael García*

**Técnica Alexander para músicos** - *Rafael García*

**Musicoterapia** - *Gabriel Pereyra*

**Cómo vivir sin dolor si eres músico** - *Ana Velázquez*

**El lenguaje musical** - *Josep Jofré i Fradera*

**Mejore su técnica de piano** - *John Meffen*

**Guía práctica para cantar** - *Isabel Villagar*

**Técnicas maestras de piano** - *Stewart Gordon*

**Cómo ganarse la vida con la música** - David Little

## Taller de teatro:

**El miedo escénico** - *Anna Cester*

**La expresión corporal** - *Jacques Choque*

**Cómo montar un espectáculo teatral** - *Miguel Casamayor y Mercè Sarrias*

**Manual del actor** - *Andrés Vicente*

**Guía práctica de ilusionismo** - *Hausson*

**El arte de los monólogos cómicos** - *Gabriel Córdoba*

## Taller de escritura:

**El escritor sin fronteras** - *Mariano José Vázquez Alonso*

**La novela corta y el relato breve** - *Mariano José Vázquez Alonso*

**Cómo escribir el guión que necesitas** - *Miguel Casamayor y Mercè Sarrias*

## Taller de comunicación:

**Periodismo en internet** - *Gabriel Jaraba*

**Youtuber** - *Gabriel Jaraba*